河床演变与河流生态评价

赵娜　著

中国水利水电出版社
www.waterpub.com.cn
·北京·

内 容 提 要

本书介绍了河流生态系统的组成和结构，总结了我国河流的生态现状、河流生态健康的评价方法和常用于河流生态健康评价的指示生物，介绍了底栖动物与河床演变之间的内在关系；总结了影响底栖动物的主要环境参数，详细介绍了底栖动物的采样、鉴定、评价和分析方法；分析了潜流层泥沙和河床表层及河流水体中泥沙对底栖动物的影响；提出了河床稳定性指数，分析了河床稳定性对底栖动物的影响及其机制；总结了水文连通性的概念，分析了横向水文连通和纵向水文连通对底栖动物的影响；总结了国内外河床演变在河流生态治理中应用实践的典型案例，为河流综合管理和河流治理提供了科学参考。

本书可以作为生态水利工程规划、设计和建设，以及河流生态学、水利学等相关专业的研究生教材，也可以为工程设计和管理者提供理论和技术参考。

图书在版编目（CIP）数据

河床演变与河流生态评价 / 赵娜著. -- 北京 : 中国水利水电出版社, 2021.12
ISBN 978-7-5226-0109-0

Ⅰ. ①河… Ⅱ. ①赵… Ⅲ. ①河道演变②河流－环境生态评价 Ⅳ. ①TV147②X522

中国版本图书馆CIP数据核字(2021)第211157号

策划编辑：陈红华　责任编辑：张玉玲　加工编辑：武兴华　封面设计：梁　燕

书　名	河床演变与河流生态评价 HECHUANG YANBIAN YU HELIU SHENGTAI PINGJIA
作　者	赵娜　著
出版发行	中国水利水电出版社 （北京市海淀区玉渊潭南路 1 号 D 座　100038） 网址：www.waterpub.com.cn E-mail：mchannel@263.net（万水） sales@waterpub.com.cn 电话：（010）68367658（营销中心）、82562819（万水）
经　售	全国各地新华书店和相关出版物销售网点
排　版	北京万水电子信息有限公司
印　刷	三河市华晨印务有限公司
规　格	170mm×240mm　16 开本　9.75 印张　152 千字
版　次	2021 年 12 月第 1 版　2021 年 12 月第 1 次印刷
印　数	0001－1500 册
定　价	56.00 元

目　录

第 1 章　河流生态系统与评价

1.1　河流生态系统

河流是大气环流和地球下垫面共同作用的产物，是地球上水循环的重要路径，对地球的物质、能量的传递和输运起着重要的作用。河流是地球生命的重要组成部分，是人类赖以生存的基础。河流生态系统（图 1.1）是河流生物群落与大气、河水及底质之间连续进行物质交换和能量传递，形成的结构、功能统一的流水生态单元，属流水生态系统的一种，是陆地与海洋联系的纽带，在生物圈的物质循环中起着主要作用。河流生态系统有六种生态功能，即栖息地、物质和能量及生物的传输、隔离、过滤、发生源和接受区功能（Federal Interagency Stream Restoration Working Group，1998；杜强和王东胜，2005），另外，河流生态系统还具有很高的服务功能，包括淡水供应、生物多样性维持、生态支持、环境净化和休闲娱乐等（栾建国和陈文祥，2004），是地球上重要的生态系统之一。

图 1.1　河流生态系统的示意图

1.1.1 河流的组成特征

河流的组成单元包括生物和非生物两大部分，这两部分相互作用形成了河流生态系统。非生物部分包括阳光、温度、矿物质、空气、河床底质、河床地貌、水和有机物（如蛋白质、脂肪、碳水化合物、腐殖质）等。河流的非生物环境是该生态系统中各种生物赖以生存的基础。生物部分包括生产者、消费者和分解者。生产者是能利用简单的无机物合成有机物的自养生物或绿色植物，其能够通过光合作用把太阳能转化为化学能，或通过化能合成作用，把无机物转化为有机物，不仅供给自身的发育生长，也为其他生物提供物质和能量，在生态系统中居于最重要地位，包括绿色植物（含水草）、藻类和某些细菌。消费者指不能生产，只能通过消耗其他生物来达到自我存活的生物，包括底栖动物、鱼类、浮游动物等。分解者指生态系统中细菌、真菌等具有分解能力的生物，也包括某些原生动物和小型无脊椎动物、异养生物，它们把动、植物残体中复杂的有机物分解成简单的有机物，释放在环境中，供生产者再一次利用，其作用与生产者相反。

1.1.2 河流的结构特征

Vannote 等（1980）提出的河流连续性理论（River Continuum Concept，RCC）是河流生态学的一个经典理论，河流连续性理论概括了沿河流纵向的河流宽度、深度、流量等物理参数的连续变化特征以及物质、能量、功能摄食类群之间的时空变化特征，主要应用于纵向维度的研究。Junk 等人基于亚马逊河和密西西比河的长期观测数据，于 1989 年提出了洪水脉冲理论（Flood Pulse Concept，FPC）（Junk et al.，1989），洪水脉冲理论描述了洪水期洪水向洪泛滩区侧向漫溢产生的营养物质循环和能量传递的生态过程，主要应用于横向维度的研究。基于以上研究，Ward（1998；1989）将河流生态系统看作时空上的四维格局，即纵向格局、横向格局、垂向格局和时间格局（图 1.2）。

河流生态的纵向格局是指顺流方向的群落格局，包括不同级别河流之间的生物多样性和群落差别，是河流生态的主导内容（Hawkes，1975）。河流连续性理论（River

Continuum Concept，RCC）（Vannote et al.，1980）、河流水力学理论（Stream Hydraulic Concept，SHC）（Statzner and Higler，1986）和资源螺旋理论（Resource Spiraling Concept，RSC）（Newbold et al.，1981）是应用于纵向格局研究的三大理论。

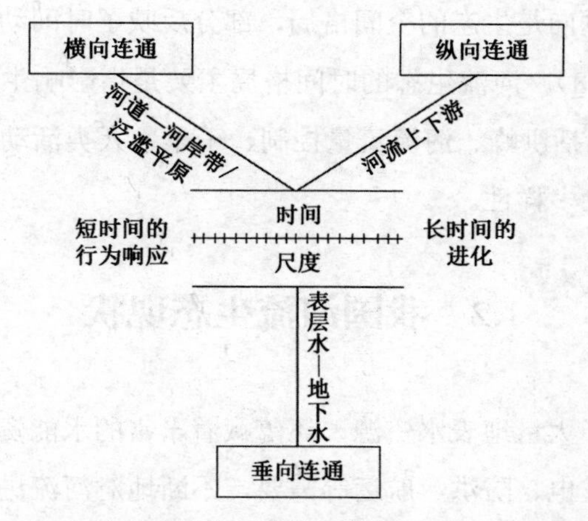

图 1.2 河流生态系统四维格局概念图（Ward，1989）

河流生态的横向格局是指河道与泛滥平原或者河岸带之间的群落格局，河道在河岸带或者泛滥平原的移动会形成一系列不同的水体单元，包括侧槽、支流、牛尾湖、牛轭湖、湿地等（Ward，1998），不同的水体单元生长着不同的生物群落（Castella et al.，1984；Copp，1989；Mitsch and Gosselink，1993），这些不同的水体单元之间存在着一定程度的隔离，但也有相互作用的通道（Botnariuc，1967；Junk et al.，1989；Ward，1989），由洪水造成的自然扰动加强了它们之间的生态连通和生物多样性（Salo et al.，1986；Amoros and Roux，1988；Ward and Stanford，1995）。横向格局是水生态系统的一个重要格局，但是在河流连续性理论中并没有考虑这个尺度（Vannote et al.，1980），直至 1989 年洪水脉冲理论提出后（Junk et al.，1989），这一生态尺度才逐渐受到关注（Junk and Piedade，1994；Bayley，1995；Michener and Haeuber，1998；董哲仁和张晶，2009；张晶和董哲仁，2008）。

河流生态的垂向格局主要是指河流及泛滥平原或者河岸带下面可渗透的沉积区内的群落格局，沉积区内的水与表面径流有着活跃的水力交换（Ward，1998）。水生态学家最早只是关注了地表的水生态（Hill，1979；Fredeen and Duffy，1970；

Minshall，1978；Likens and Bormann，1974），对地下水生态少有研究（Coleman and Hynes，1970；Hynes，1974），近一二十年来，地下水生态才逐渐受到重视（Brunke and Gonser，1997；Strayer et al.，1997；王庆锁 等，1997）。

纵向、横向、垂向是生态的空间格局，部分反映了时间动态对环境梯度的叠加作用（Ward，1998）。河流生态的时间格局主要是指影响生态演替的干扰因素（Reice，1994），包括洪峰、河流流量控制、干旱、人类活动等，这些干扰会威胁生境异质性和生物多样性。

1.2 我国河流生态现状

河流不仅提供了大量地表水资源，还蕴藏着丰富的水能资源，人类为了满足生活用水、灌溉、发电、防洪、航运等需要，不断地对河流进行开发利用。在这个过程中，由于利用不当或保护不够，河流污染、断流现象频发，生态系统受到破坏，严重影响了河流的自然和社会功能。比如，在天然河流上修建大坝，拦截水流，从而改变了河流原有的水沙条件，主要表现为上游的淤积和下游的冲刷，并且对上下游的影响范围很大，很多情况下一直影响到河流入海口，河流水沙变化和河床冲淤改变了底栖动物栖息地和鱼类产卵地，另外，这些人工设施也阻隔了某些鱼类的流通通道，影响了鱼类的生物存量；生活污水和工农业用水及废弃物排入河流，使河流遭受严重污染等。直至 20 世纪 30 年代，人们的生态环境保护意识开始觉醒，河流健康问题逐步引起人们的重视（熊文 等，2010）。

我国社会经济的快速发展，导致河流资源受到过度开发、河流生态系统遭受巨大压力，概括起来，表现为以下 3 个方面：

一是水文连通受阻。河道的水文连通包括纵向的连续性（图 1.3）和横向的水文连通。水利工程的建设打断了河流纵向的连续性，阻隔了某些鱼类的洄游通道，如大坝的隔离使长江与通江湖泊的关系受到威胁，洄游性鱼类失去了原有丰富的栖息地，直接影响到一些江湖洄游性鱼类的生长与繁殖（易雨君和王兆印，2009）。另外，大坝的建设降低了河流的流速，将导致水体自净化能力下降。淮河流域内大、中、小型闸坝共计 1816 座，占整个淮河流域的 1/3，有研究显示，由于受上下游闸坝影响，调查区域内近 60%的点位河流水体呈现静止状况，河道水体流速缓慢，水动力缺失，进一步降低了河流水体的自净能力，入河污染物难以在河道内得到快速降解。

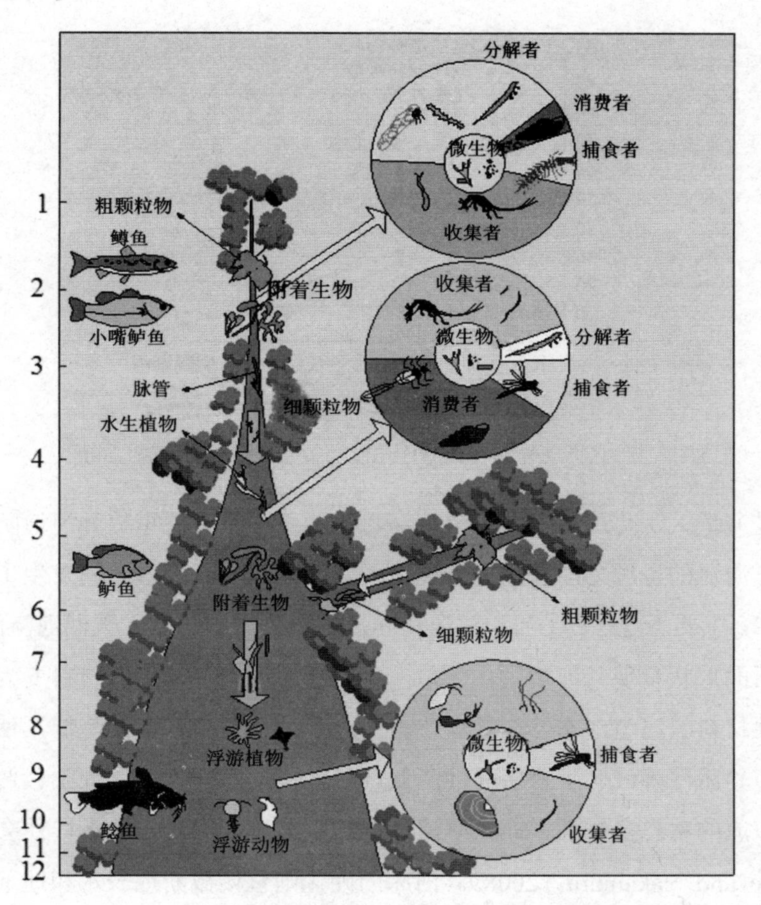

图 1.3 河流连续性概念图（Vannote et al.，1980）

河道主流与河岸带湖泊之间的横向连通不仅加强了水体之间营养物质的交换，还有助于河流和湖泊间生物资源的交换，对生态系统的修复和保护具有重要作用。但是，随着对资源开发力度的加强，围垦、建坝、筑堤等人类活动带来的江湖阻隔，直接降低了河道与河岸带水体之间的横向水文连通，从而带来一系列的生态问题。

长江中游两岸绝大多数通江湖泊自20世纪50年代以来因水利工程阻隔先后失去了与长江的联系，从而产生一系列生态问题。潘保柱等（2008）对长江故道底栖动物资源的研究发现，若将长江泛滥平原水体按照水文连通度高低分为干流、通江湖泊、故道和阻隔湖泊（不含城郊污染湖泊），通江湖泊底栖动物种类最多（图1.4）。

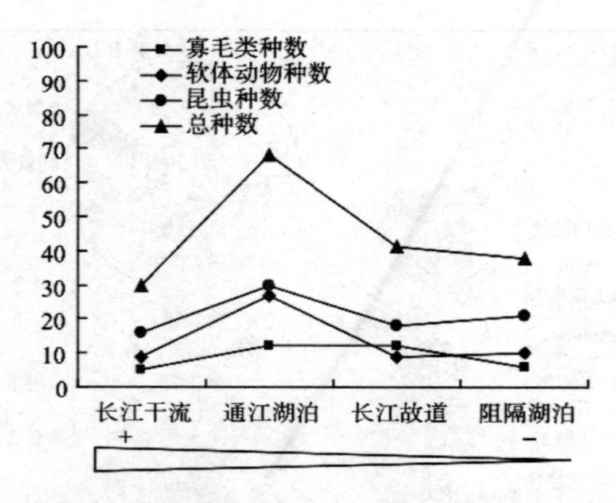

图1.4　底栖动物物种数与连通性的关系（潘保柱 等，2008）

二是河道人工化严重。多年来，河流整治工程一直注重提升河道防洪能力，而淡化了河流的资源功能和生态功能，使我国多数河流形态结构发生了较大变化（图1.5），主要表现在：①河道渠道化和裁弯取直工程降低了天然河流的蜿蜒性；②河道断面形状呈现几何规则化、单一化的断面形态；③河床材料变为硬质化的不透水性材料。河道形态结构的变化与河道系统形态多样性的降低，使河道系统生态环境异质性降低、生物多样性降低。日本一项研究表明，人工裁弯取直显著降低了河流的生态多样性，而恢复河道弯曲状态后，河流生态多样性会逐渐恢复（Nakano and Nakamura，2008）。河床的硬化则直接截断地表水和地下水之间的连通，破坏潜流层生物的栖息环境和河流生态完整性。

三是污染问题严重。伴随着人类活动的增加及城市经济的迅猛发展，由于农业污染、工业污染、农村生活垃圾排放、城市污水排放等的影响，加之河流自净和生态自补偿调控的能力有限，很多河流水生态系统的结构和功能受到严重损害，生物多样性大幅降低，在有些污染严重的河流甚至出现水生生物消失的现象。不少河流相继出现黑臭问题或富营养化现象，表明河道的生态功能几乎损失殆尽，如图1.6所示。这不仅损害了人类居住的环境，也严重影响了城市形象。近些年，黑臭水体治理已成为许多城市生态文明建设的重中之重。

图1.5　渠道硬化

图1.6　西枝江支流排污口

1.3 河流生态健康的评价方法

关于生态系统健康目前尚无普遍认同的定义，很多学者从各自的学科背景和案例出发进行了不同的定义。国际生态系统健康学会将生态系统健康学定义为研究生态系统管理的预防性、诊断性和预兆性的特征，以及生态系统健康与人类健康之间关系的一门学科（陈高 等，2003），其主要任务是研究生态系统健康的评价方法、生态系统健康与人类健康的关系、环境变化与人类健康的关系，以及各种尺度生态系统健康的管理方法。河流生态系统健康是生态系统健康概念的一种派生，河流生态系统健康与社会经济、人类、生态环境等密切相关，如何评价河流生态状况正成为水利科学、环境科学和生态学领域研究的热点之一。

国外对河流生态健康的评价相对较早，20 世纪 80 年代欧美等国家开始重视河流生态功能，目前已经形成了比较成熟的河流生态健康评价体系。国内河流生态系统健康评价开始相对较晚，20 世纪 90 年代我国才开始逐渐重视河流生态健康管理和恢复，目前仍处于发展阶段。常用的河流生态健康评价的方法包括理化方法和指示生物法。

（1）理化方法。理化方法是指使用水体的物理化学参数作为水质评价指标的一种方法，又包括单项参数评价法和多项参数综合评价法。理化方法在现实工作中已经得到了非常广泛的应用，评价体系也相对成熟，理化结果对评价河流生态系统所处的环境条件状况具有非常重要的参考价值。然而，理化监测仍存在两个局限性：瞬时性，采样时刻的水质不能代表污染的持续性；反映的仅是环境条件，不能很好地体现河流生态现状。因此，基于理化指标的评价方法用来评价河流健康是一个不充分的工具，难以满足河流生态保护的更高需求。

（2）指示生物法。指示生物是指一类动物或植物物种，其在某一流域存在的种群数量和状况指示了该流域环境的健康程度（David et al.，2000）。利用指示生物开展生物监测，能在一定程度上反映出环境污染的综合生物学效应，是环境监测行之有效的手段之一，为了获取河流系统较完整的生态状况，利用指示物种开展生态监测十分必要。与理化手段相比，生物监测具有直观、客观、综合和历史可溯源性强的特点。对河流进行水质生物监测和快速生态评价早已在很多国家开展。常用于河流生态健康评价的指示生物主要包括浮游植物（主要是硅藻）、鱼类和大型底栖无脊椎动物等。

浮游植物是指在水中浮游生活的微小植物，通常是指浮游藻类，作为河流生态系统的重要初级生产者，其种类组成、群落结构、数量分布和多样性对水生态系统的影响显著，是评价水生态环境质量的重要标准。硅藻是一类对河流生态环境变化极为敏感的指示生物，在发达国家早已是环境监测部门的日常监测指标，其基于硅藻的基础生物学和生态学的研究，建立了多种硅藻指数来评价河流水质健康。目前，大多数硅藻指数都是基于欧洲的河流被创建的（周上博 等，2013）。

鱼类个体较大，活动能力强，处在水生态系统食物链的较高环节，也通常被认为是水质和水生态系统健康的指示生物。由 Karr 和 Dudley 于 1981 年提出的生物完整性指数 IBI（index of biological integrity），就是以鱼类为研究对象建立起来的，包括了物种丰富度、营养类型、鱼类数量、指示种类别等 12 项指标（Karr and Dudley，1981）。鱼类作为指示生物有四个优点：①分布广，易于鉴定；②生活史较长，可以指示水体环境的长期变化；③食物网复杂，可以反映消费等级状况；④可反映周围环境的相互作用（廖静秋和黄艺，2013）。但是鱼类由于对环境变化反映不够灵敏，并且采样比较困难，其应用并不普遍。

大型底栖无脊椎动物是一类典型的河床生物，通常简称为底栖动物。底栖动物寿命较长，迁移能力有限，处于食物链的中间环节，兼有浮游植物和鱼类的优点，对水环境质量有着很强的指示作用，目前应用最为广泛（段学花 等，2010）。鉴于底栖动物很早就被美国、英国、加拿大和澳大利亚等发达国家的环保部门广泛应用于水环境监测和评价，利用底栖动物进行水质评价的有效性已经不断被证实。我国大陆自 20 世纪 80 年代初开始应用底栖动物进行河湖水质评价方面的研究，近三十年来，广泛利用底栖动物对黄河干流、安徽丰溪河、东湖和洞庭湖等的水质进行生物学评价。王备新（2003）基于主要干扰因子，建立了适用于评价中国水生系统健康的底栖动物生物完整性指标体系 B-IBI，并对我国闽江流域的大北河水质进行生物评价。基于底栖动物在生态评价中的优势，本书选取底栖动物作为河流生态的指示生物（具体评价指标在第2章中详述）。

1.4 底栖动物

大型底栖无脊椎动物简称底栖动物，是生活在水域和河床泥沙交界区的体长超过0.5mm的水生无脊椎动物，包括水生昆虫（如蜉蝣、蜻蜓、石蛾、摇蚊等）、软体动物（如田螺、贻贝等）、寡毛纲（如颤蚓等）、蛭纲（如石蛭、扁蛭等）等（Den Van Brink et al.，1994）。图1.7给出了几种代表性底栖动物在显微镜下的照片。底栖动物是河流生态系统的重要组成部分，位于食物链的中间环节，在河流的物质循环和能量流动中起着关键作用。底栖动物以藻类、藻类和残枝落叶分解生成的有机物颗粒为食，促进了有机质的分解，加快了水体的净化过程，同时又是脊椎动物鱼类的天然饵料。对于河流生态系统而言，底栖动物群落的衰退或消失将对整个生态系统带来很大的影响，可能造成生态的严重失衡。

（a）四节蜉科

（b）石蝇科

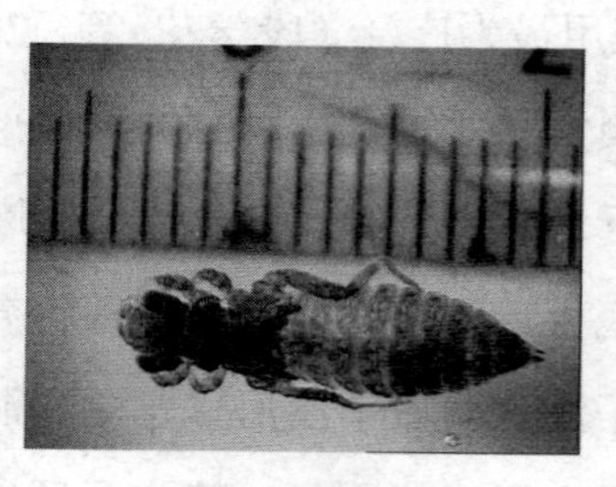

（c）箭蜓科

（d）纹石蛾科

图1.7 底栖动物的常见类群

（e）蚋科

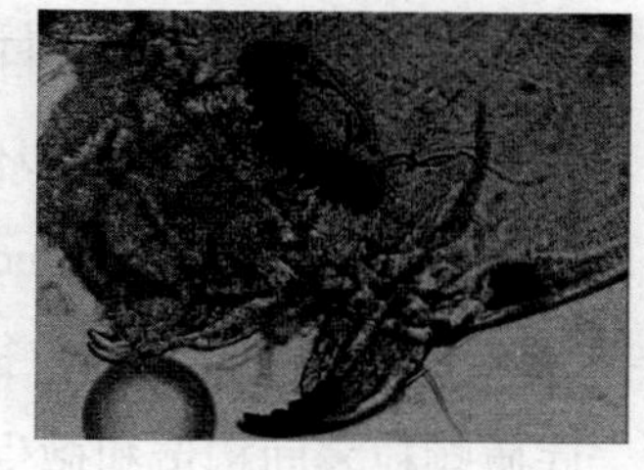
（f）摇蚊科

（g）球蚬科

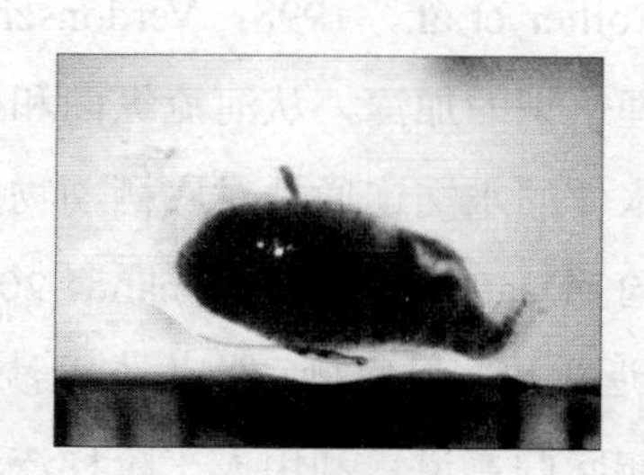
（h）扁蛭科

图 1.7 底栖动物的常见类群（续图）

国外早在 18 世纪就已经有人开始底栖动物生态学的相关研究，并从 20 世纪 60 年代开始逐渐成为生态学的研究热点之一。国内底栖动物相关研究开展的相对较晚，从 20 世纪 50 年代逐渐开始涉及，至今已有 60 多年的时间（段学花，2009）。底栖动物的常见类群有七大类（梁彦龄和王洪铸，1999），包括海绵动物门（Spongia）、刺胞动物门（Cnidaria）、扁形动物门（Platyhelminthes）、线虫动物门（Nematoda）、环节动物门（Annelida）、软体动物门（Mollusca）和节肢动物门（Arthropoda）；按其生活习性底栖动物可以分为八类（Merritt and Cummins，1996；Horne and Goldman，1994），包括固着型动物（Clingers）、穴居型动物（Burrowers）、攀爬型动物（Climbers）、游泳型动物（Swimmers）、潜水型动物（Diver）、蔓生型动物（Sprawler）、滞水型动物（Skater）和钻蚀型动物（Boring benthos）；按其功能摄食类群可以分为八类（段学花 等，2010），包括直接收集者（Collector-gatherers）、滤食收集者（Collector-filterers）、撕食者（Shredders）、刮食者（Scrapers）、捕食者（Predators）、食腐者（Omnivore）、钻食者（Piercer）和寄生者（Parasites），常见的为前五种摄食类群。

随着对底栖动物研究的加深，目前，人们对物理（流速、水深、泥沙等）、化学（水质）、生物（植物、鱼类）等环境因子对底栖动物群落及其多样性的影响逐渐有了深入认识（Crunkilton and Duchrow，1991；Newman，1991；Beisel et al.，1998）。专门针对底质类型、底质粒径大小和组成、底质孔隙率和密实性、细颗粒泥沙含量、底质颗粒表面构造和微生境等因素与底栖动物群落关系的研究也发展很快（Collier et al.，1998；Verdonschot，2001；Buss et al.，2004）。随着对河流综合管理认识的加深，从河流纵向和横向关注河床演变和河床稳定性，以及河岸带不同水体的水文连通性对底栖动物的群落分布和水生态格局的影响也是发展的一大方向（Death and Zimmermann，2005；Schwendel et al.，2010；Schwendel et al.，2012）。近年来，以底栖动物生态泥沙学为指导开展的河流修复（如使顺直的人工河道重新回归弯道、利用人工阶梯深潭修复河流等）也在很多国家得到了尝试和应用（Nakano and Nakamura，2008；Lorenz et al.，2009；Yu et al.，2010）。

由于底栖动物与泥沙的密切耦合关系，有关底栖动物的生态泥沙学研究方向也非常活跃（Williams and Mundie，1978；Gurtz and Wallace，1984；Quinn and Hickey，1990；Beauger et al.，2006），我国自20世纪90年代逐渐开始涉及生态泥沙学领域的研究，起初，大部分研究都基于宏观模式。近年来，随着大批水利工程的建设，人类活动对生态的胁迫压力逐渐凸显出来，生态水利越来越受到重视，生态泥沙学领域的研究也有了比较大的发展，在河床泥沙、河床演变对底栖动物群落的影响方面取得了一定的突破，对内在机理也进行了一定的解释（Duan et al.，2009；Xu et al.，2012；Pan et al.，2012）。

1.5 河床演变与底栖动物

河床演变是指在自然情况下，或受人为干扰后，河床发生的冲淤变化，是水流与河床不断相互作用的过程，在这一过程中，泥沙运动是纽带。河床演变有狭义和广义之分，广义的河床演变指河流从河源到河口的各个部分的形成和发展的整个历史过程（谢鉴衡，1997）；狭义的河床演变是指在来水来沙的作用下，近期的河流形态与河床边界的变化。

河床演变与泥沙类型、泥沙运动息息相关，河床演变引起的垂向上的冲刷与淤积直接影响了河床的稳定性，经过长期的演变，根据河道形态和演变特征，河流分为顺直、弯曲和分汊三种河型，在分汊河型中又常分出一种新类别，叫作游荡型，每种河型的特征如下（谢鉴衡，1997）：

（1）顺直型河道：平面外形顺直或略弯曲，两岸有交错边滩，纵剖面滩槽相间，其演变特点是浅滩和深槽周期性冲淤变化，边滩不断顺流下移，深槽、浅滩和深泓线不断转换位置。

（2）弯曲型河道：又称蜿蜒型河道，其平面外形弯曲，两个弯道间以直段相连，纵剖面滩槽交替，弯道凹岸为深槽，过渡段为浅滩。其演变特点是弯道凹岸不断崩退，凸岸边滩不断淤涨，曲率越来越大，当发展到一定程度时，可发生撇弯甚至自然裁弯取直，老河淤死形成牛轭湖，新河又继续向弯曲发展。

（3）分汊型河道：平面外形比较顺直、宽浅，江心有一个或多个沙洲，水流分成两股以上汊道，其演变特点是洲滩不断变化，汊道兴衰交替。在这类河型中，洲汊较多，稳定性较弱，冲淤变化迅速的河段常称为游荡型河道。在上述各种河型之间，还有各种过渡型态。

（4）游荡型河道：游荡型河道河槽断面十分宽浅，江心多沙洲，水流散乱，沙洲迅速移动和变形，主槽摆动幅度和摆动速度均很大。游荡型河道形成的主要原因是：两岸土质疏松，易于冲刷展宽；水流含沙量大，河床堆积抬高；洪水暴涨暴落，流量变幅大；此外，在山区河流出山口处，河面突然放宽，流速急剧减小，泥沙大量落淤，也会形成游荡型河道。游荡型河流大都处于强烈淤积状态，河床不断抬高。黄河下游段就是典型的游荡型河道。

床沙及其运动、河床稳定性、水文连通性均与河床演变息息相关。床沙运动是河床演变的开始，比如，受人类活动的影响，水土流失频现，大量泥沙进入河道，泥沙会在河道内发生沉积，覆盖在原有底质表层并进入缝隙中，影响河道的微地貌，引起微观的河床演变。河床的冲淤则影响了河床的稳定性。河床演变形成的不同河型的河岸带范围内存在各种水体，这些水体与主流的水文连通性不同，导致它们之间存在一定的环境梯度，生物群落也存在明显差别，在洪水季节，这些水体之间还会发生一定的交换，生物群落的差别大小与交换程度和环境梯度大小有关。这些过程均会对底栖动物群落产生重要影响。因此，大部分时间生活在河床上的底栖动物群落与河床演变之间必然存在很大的关系。

参考文献

[1] Amoros C,Roux A. Interaction between water bodies within the floodplains of large rivers: function and development of connectivity. Münstersche Geographische Arbeiten, 1988, 29(1):125-130.

[2] Bayley P B. Understanding large river: floodplain ecosystems. BioScience, 1995, 45(3):153-158.

[3] Beauger A, Lair N, Reyes-Marchant P, et al. The distribution of macroinvertebrate assemblages in a reach of the River Allier (France), in relation to riverbed characteristics. Hydrobiologia, 2006, 571(1):63-76.

[4] Beisel J N, Usseglio-Polatera P, Thomas S, et al. Stream community structure in relation to spatial variation: the influence of mesohabitat characteristics. Hydrobiologia, 1998, 389(1-3):73-88.

[5] Botnariuc N. Some characteristic features of the floodplain ecosystems of the Danube. Hydrobiologia, 1967, 8: 39-49.

[6] Brunke M, Gonser T. The ecological significance of exchange processes between rivers and groundwater. Freshwater Biology, 1997, 37(1):1-33.

[7] Buss D F, Baptista D F, Nessimian J L, et al. Substrate specificity, environmental degradation and disturbance structuring macroinvertebrate assemblages in neotropical streams. Hydrobiologia, 2004, 518(1-3):179-188.

[8] Castella E, Richardot-Coulet M, Roux C, et al. Macroinvertebrates as 'describers' of morphological and hydrological types of aquatic ecosystems abandoned by the Rhône River. Hydrobiologia, 1984, 119(3):219-225.

[9] Coleman M J, Hynes H. The vertical distribution of the invertebrate fauna in the bed of a stream. Limnology and Oceanography, 1970:31-40.

[10] Collier K J, Ilcock R J, Meredith A S. Influence of substrate type and physico-chemical conditions on macroinvertebrate faunas and biotic indices of some lowland Waikato, New Zealand, streams. New Zealand journal of marine and freshwater research, 1998, 32(1):1-19.

[11] Copp G H. The habitat diversity and fish reproductive function of floodplain ecosystems. Environmental Biology of Fishes, 1989, 26(1):1-27.

[12] Crunkilton R L, Duchrow R M. Use of stream order and biological indices to assess water quality in the Osage and Black river basins of Missouri. Hydrobiologia, 1991, 224(3):155-166.

[13] David B, Lindenmayer, Chris R, et al. Indicators of biodiversity for ecologically sustainable forest management. Conservation Biology, 2000.

[14] Death R G, Zimmermann E M. Interaction between disturbance and primary productivity in determining stream invertebrate diversity. Oikos, 2005, 111(2):392-402.

[15] Den Van Brink F W B, Beljaards M J, Boots N C A, et al. Macrozoobenthos abundance and community composition in three lower rhine floodplain lakes with varying inundation regimes. Regulated Rivers: Research and Management, 1994, 9(4):279-293.

[16] Duan X H, Wang Z Y, Xu M Z, et al. Effect of streambed sediment on benthic ecology. International Journal of Sediment Research, 2009, 24(3):325-338.

[17] Federal Interagency Stream Restoration Working Group (FISRWG). Stream corridor restoration: principles, processes, and practices. Published USA government, 1998.

[18] Fredeen F J, Duffy J R. Insecticide residues in some components of the St. Lawrence River ecosystem following applications of DDD. Pestic Monit J, 1970, 3(4):219-26.

[19] Gurtz M E, Wallace J B. Substrate-mediated response of stream invertebrates to disturbance. Ecology, 1984, 65(5):1556-1569.

[20] Hawkes H. River zonation and classification. River ecology, 1975, 14: 312-374.

[21] Hill A. Denitrification in the nitrogen budget of a river ecosystem. Nature, 1979, 28 (5729):291-292.

[22] Horme A J, Goldman C R. Limnology. McGraw-Hill New York, 1994.

[23] Hynes H. Further studies on the distribution of stream animals within the substratum. Limnol. Oceanogr, 1974, 19(1):92-99.

[24] Junk W J, Bayley P B, Sparks R E. The flood pulse concept in river-floodplain systems. International large river symposium, 1989.

[25] Junk W, Piedade M. Species diversity and distribution of herbaceous plants in the floodplain of the middle Amazon. Internationale Vereinigung fur Theoretische und Angewandte Limnologie Verhandlungen, 1994, 25(3):1862-1865.

[26] Karr J R, Dudley D R. Ecological perspective on water quality goals. Environmental Management, 1981, 5(1):55-68.

[27] Likens G E, Bormann F H. Linkages between terrestrial and aquatic ecosystems. BioScience, 1974, 447-456.

[28] Lorenz A W, Jähnig S C, Hering D. Re-meandering German lowland streams: qualitative and quantitative effects of restoration measures on hydromorphology and macroinvertebrates. Environmental management, 2009, 44(4):745-754.

[29] Merritt R, Cummins K. Trophic relations of macroinvertebrates. Methods in Stream Ecology. Academic Press, San Diego, 1996, 453-474.

[30] Michener W K, Haeuber R A. Flooding: natural and managed disturbances. BioScience, 1998, 48(9):677-680.

[31] Minshall G W. Autotrophy in stream ecosystems. BioScience, 1978, 767-771.

[32] Mitsch W, Gosselink J. Wetlands. 3rd ed. New York: John Wiley and Sons, 2000.

[33] Nakano D, Nakamura F. The significance of meandering channel morphology on the diversity and abundance of macroinvertebrates in a lowland river in Japan. Aquatic Conservation Marine and Freshwater Ecosystems, 2008, 18(5):780-798.

[34] Newbold J D, Elwood J W, O'Neill R V, et al. Measuring nutrient spiralling in streams. Canadian journal of fisheries and aquatic sciences, 1981, 38(7):860-863.

[35] Newman R M. Herbivory and detritivory on freshwater macrophytes by invertebrates: a review. Journal of the North American Benthological Society, 1991, 10(2):89-114.

[36] Pan B Z, Wang Z Y, Xu M Z. Macroinvertebrates in abandoned channels: assemblage characteristics and their indications for channel management. River Research and Applications, 2012, 28(8):1149-1160.

[37] Quinn J M, Hickey C W. Magnitude of effects of substrate particle size, recent flooding, and catchment development on benthic invertebrates in 88 New Zealand rivers. New Zealand journal of marine and freshwater research, 1990, 24(3):411-427.

[38] Reice S R. Nonequilibrium determinants of biological community structure. Amer Sci, 1994, 82: 424-435.

[39] Salo J, Kalliola R, Häkkinen I, et al. River dynamics and the diversity of Amazon lowland forest. Nature, 1986, 322(6076):254-258.

[40] Schwendel A C, Death R G, Fuller I C, et al. Linking disturbance and stream invertebrate communities: how best to measure bed stability. Journal of the North American Benthological Society, 2010, 30(1):11-24.

[41] Schwendel A, Death R, Fuller I, et al. A new approach to assess bed stability relevant for invertebrate communities in upland streams. River Research and Applications, 2012, 28(10):1726-1739.

[42] Statzner B, Higler B. Stream hydraulics as a major determinant of benthic invertebrate zonation patterns. Freshwater Biology, 1986, 16(1):127-139.

[43] Strayer D L, May S E, Nielsen P, et al. Oxygen, organic matter, and sediment granulometry as controls on hyporheic animal communities. Archiv für Hydrobiologie, 1997, 140(1):131-144.

[44] Vannote R L, Minshall G W, Cummins K W, et al. The river continuum concept. Canadian journal of fisheries and aquatic sciences, 1980, 37(1):130-137.

[45] Verdonschot P F. Hydrology and substrates: determinants of oligochaete distribution in lowland streams (The Netherlands). Hydrobiologia, 2001, 463(1-3):249-262.

[46] Ward J V, Stanford J. Ecological connectivity in alluvial river ecosystems and its disruption by flow regulation. Regulated Rivers: Research & Management, 1995, 11(1):105-119.

[47] Ward J. Riverine landscapes: biodiversity patterns, disturbance regimes, and aquatic conservation. Biological Conservation, 1998, 83(3):269-278.

[48] Ward J. The four-dimensional nature of lotic ecosystems. Journal of the North American Benthological Society, 1989, 2-8.

[49] Williams D D, Mundie J. Substrate size selection by stream invertebrates and the influence of sand. Limnology and Oceanography, 1978, 23(5):1030-1033.

[50] Xu M Z, Wang Z Y, Pan B Z, et al. Distribution and species composition of macroinvertebrates in the hyporheic zone of bed sediment. International Journal of Sediment Research, 2012, 27(2):129-140.

[51] Yu G A, Wang Z Y, Zhang K, et al. Restoration of an incised mountain stream using artificial step-pool system. Journal of Hydraulic Research, 2010, 48(2):178-187.

[52] 陈高，邓红兵，王庆礼，等．森林生态系统健康评估的一般性途径探讨．应用生态学报，2003，14（6）：995-999.

[53] 董哲仁，张晶．洪水脉冲的生态效应．水利学报，2009，40（3）：281-288.

[54] 杜强，王东胜．河道的生态功能及水文过程的生态效应．中国水利水电科学研究院学报，2005，3（4）：287-290.

[55] 段学花，王兆印．生物栖息地隔离对河流生态影响的试验研究．水科学进展，2009，20（1）：86-91.

[56] 段学花，王兆印，徐梦珍．底栖动物与河流生态评价．北京：清华大学出版社，2010.

[57] 梁彦龄，王洪铸．第十章 底栖动物//刘建康．高级水生生物学．北京：科学出版社，1999：241-259.

[58] 廖静秋，黄艺．应用生物完整性指数评价水生态系统健康的研究进展．应用生态学报，2013，24（1）：295-302.

[59] 栾建国，陈文祥．河流生态系统的典型特征和服务功能．人民长江，2004，35（9）：41-43.

[60] 潘保柱，王海军，梁小民，等．长江故道底栖动物群落特征及资源衰退原因分析．湖泊科学，2008，20（6）：806-813.

[61] 王备新．大型底栖无脊椎动物水质生物评价研究．南京：南京农业大学，2003.
[62] 王庆锁，冯宗炜，罗菊春．生态交错带与生态流．生态学杂志，1997，16（6）：52-58.
[63] 谢鉴衡．河床演变及整治．北京：水利水电出版社，1997.
[64] 熊文，黄思平，杨轩．河流生态系统健康评价关键指标研究．人民长江，2010，41（12），7-12.
[65] 易雨君，王兆印．大坝对长江流域洄游鱼类的影响．水利水电技术，2009，40（1）：29-33.
[66] 张晶，董哲仁．洪水脉冲理论及其在河流生态修复中的应用．中国水利，2008，（15）：1-4.
[67] 周上博，袁兴中，刘红，等．基于不同指示生物的河流健康评价研究进展．生态学杂志，2013，32（08）：2211-2219.

第 2 章　底栖动物采样及评价方法

2.1　环境参数及选择

影响底栖动物的环境因素大类上分为物理条件、水化学条件和生物条件，每大类又涵盖很多因素（表 2.1），《底栖动物与河流生态评价》一书中对大部分环境因素已经进行描述，本书中仅对部分因素进行补充。

表 2.1　影响底栖动物的环境因素

环境因素	说明
物理条件	底质特性及其运动，水力条件（水深、流速、流量），河型，水文连通性等
水化学条件	水温，溶解氧，有机物，重金属，盐度，农业杀虫剂，化肥等
生物条件	鱼类，水生植物，滨河植被等

（1）流量。极端气候和人类活动使干旱或洪水发生的概率越来越大，河道流量变化不仅影响了水深、流速、河床剪应力、溶解氧、水温等水体理化特性，还影响了栖息地的可用面积，进而影响底栖动物的群落特征。目前关于河床表层底栖动物对大流量和洪水的响应已有一些研究（Lake et al.，2006；Death，2008）。洪水对底栖动物群落会产生很大影响，洪水期间，流量增加，河床底部剪应力增加，底质发生运动，底栖动物向下漂移，漂移的速率与水流剪应力关系密切（Gibbins et al.，2007）。洪水过后，底栖动物密度和物种数大幅减少，群落组成发生改变（Bae et al.，2014；任海庆 等，2015）。洪水的持续时间、流量、水位波动不同，对底栖动物群落的影响程度也不同。

在日调节水电站下游，流量波动会对底栖动物群落产生很大影响，在水电站下游数公里范围内，底栖动物生物量减少达 75%～95%（Moog，1993）。对奥地利的一条河流研究表明，在水电站泄水洪峰长时间的影响下，底栖动物生物量减少至 15%以下，而采取洪峰减缓措施后，底栖动物生物量可恢复至 60%（Parasiewicz et al.，1998）。种植植物能减少大流量对底栖动物群落的影响，通过露天水槽试验，发现毛黄连花（*Lysimachia vulgaris*）由于根系比较发达，能极大减小人工模拟洪水对底栖动物的负面影响（Baranov et al.，2017）。可见，大流量对河床表层底栖动物的负面影响主要是因为其引起的栖息地不稳定造成的。

干旱主要通过降低流量、减少可用栖息地面积来影响底栖动物群落多样性（Stubbington et al.，2014），目前关于河床表层底栖动物对河道流量减少甚至干涸的响应有少量研究（Rolls et al.，2012）。研究表明，随着河床流量的减少，钩虾向潜流层深处迁移，潜流层钩虾数量大幅增加（Stubbington et al.，2011）。在河道干涸情况下，石蝇、四节蜉、细蜉、摇蚊等幼虫会向潜流层深处迁移，待河道重新恢复后，大部分底栖动物从深层潜流层重新回到河床表层（Maazouzi et al.，2017）。在低流量下，潜流层深层底栖动物组成则相对均匀，主要受水温的影响，与流量关系不大（Stubbington et al.，2009）。可见，深层潜流层是河床表层底栖动物应对干旱的主要“避难场所”。

（2）河型。自然的河流是动态的，经过长期演变，沿纵向上发育成各种河型，常见的河型有顺直、弯曲、辫状、分汊、网状等，每种河型有其特殊的水沙条件和河道特征。在不同河床演变过程的驱动下，不同河型的生物栖息地条件存在很大差异，由此孕育了不同的生物群落。Arscott（2005）和 Lorenz（2009）等人均做过河型与底栖动物多样性之间关系的研究，表 2.2 列出了 2 个研究的结果，从表中可看出，与其他河型相比，弯曲河流是一种生态状况良好的河型，这主要是因为：①弯曲河流是一种非常稳定的河流，为底栖动物提供了稳定的栖息环境；②在弯曲段，凹岸冲刷、凸岸淤积，从凹岸到凸岸，水深逐渐变浅，底质也逐渐变细，为底栖动物提供了多样的栖息环境；③顺直段和弯曲段也存在差异，栖息环境多样。

表 2.2 各种河型的底栖动物多样性

研究人员	采样点	顺直/受约束河段	弯曲河段	辫状河段
Arscott et al.（2005）	河段（*S*）	54	61	50
	代表样点（*S*）	33	43	27
Lorenz et al.（2009）	河流 1（*H′*）	2.56	2.82	—
	河流 2（*H′*）	2.86	3.29	—

注：“—”表示没有该值。

（3）水文连通性。水文连通性包括了河岸带系统上的各种格局及过程，主要以与主流的交换程度来定义，其表示了各种水体与主流的隔离程度（Gallardo et al.，2008）。关于水文连通性与底栖动物之间的关系已有相关报道。Gallardo 等（2008）对西班牙东北部河流底栖动物的研究发现，河流（常年连通）、人工湿地（地下水渗漏）和天然牛轭湖（表面连接）之间的底栖动物群落差异显著。由于富营养化，河流主要以寡毛纲为主，人工湿地以捕食性昆虫为主，天然牛轭湖以甲壳动物为主。典范对应分析结合方差分析表明，水文连通性对底栖动物差异的解释率为 28%，其次是物理化学参数（10%）和营养因子（7%）。底栖动物丰度和数量随水文连通性的增加而增加。Leigh 和 Sheldon（2010）对澳大利亚河流底栖动物的研究也表明，水文连通性在空间和时间上均对大型无脊椎动物群落组成和多样性产生重大影响，有相似连通历史的水体中的生物群落最为相似，流水和静水之间底栖动物的 β 多样性最大。

（4）农业杀虫剂。在诸多水体污染物中，杀虫剂由于其在农业中使用的普遍性和对动物的危害性，一直受到广泛关注，国外关于杀虫剂对河床底栖动物的影响已经开展了比较深入的研究。在杀虫剂的影响下，甲壳类和昆虫类数量下降，而腹足类和寡毛类数量反而增加，另外，杀虫剂浓度不同，对底栖动物的影响也不同（Van den Brink et al.，1996；Wieczorek et al.，2018）。在农业为主的流域里，河流普遍受到杀虫剂污染，底栖动物在杀虫剂污染的水体中暴露时间长短不同，受影响的程度也不一样（Wieczorek et al.，2018）。国内相关研究则主要集中在杀虫剂在部分底栖动物体内的毒性效应和生物富集方面，并且主要以实验室和静水试验为主，很少模拟河流这种流水生态系统（沈坚 等，2013；王伟莉 等，2013）。另外，河床表面的水流会随着潜层流进入河床深处与潜流层水体发生交换（Hassan et al.，2015），在受污染的河流中，河床表层的污染物必然会随着潜层流进入潜流层深处，对潜流层深处底栖动物也会造成影响。

2.2 底栖动物采样及鉴定方法

合理的底栖动物采样方法不仅能获取有效的数据，且经济快捷，根据研究区域的生境条件及研究目标的需要，可选择（半）定量采样方法和定性采样方法。常用的（半）定量采样方法有踢网法、索伯网法、D 形拖网法及采泥器法，常用的定性采样方法包括采用手抄网、钢网筛等工具在水体中扫网采集。

目前使用最多的是踢网法。采用 1m×1m、网孔 0.4～0.5mm 的聚乙烯网垂直于水流方向放置，在网上游 1m 范围内进行扰动，利用水流流速将动物带入网中，一次可进行 $1m^2$ 的采样（图 2.1）。该方法因操作简便，且能够提供较可靠的指示信息而广泛应用（Mackey et al.，1984；Barbour et al.，1999）。

图 2.1　踢网法采样

索伯网水平方向的网口为0.3m×0.3m，采样时将网口正面水流方向放置，用手清洗并搅动网口前方定量框内的卵石底质，使底栖动物顺水流方向流进网中，一次可采集0.09m^2（王备新和杨莲芳，2006）。该方法适用于底质为卵石、砾石，水深不超过0.3～0.5m的流水区的底栖动物定量采集（段学花 等，2010）。

D形拖网法是半定量的底栖动物采样方法，一般形状是网口为0.3m高、0.3m宽的“D”形，网袋为锥形的拖网。将拖网逆水流方向采集底栖动物，采样时要求每个地点采3～5个样本，每个样本采集时间5～10分钟（段学花 等，2010）。

采泥器法常用于河流、湖泊、水库及浅海区等水域的沉积物（底泥）表层泥样采集。其原理是利用采集工具本身具有的重量，沉入水底，取出一定面积的底泥，进而推算出某一水体中底栖动物的数量，常用的采泥器为彼得逊采泥器。

采用手抄网或钢网筛等工具进行的定性采样方法主要是用于采样条件复杂而难以开展定量或半定量采样的情况，且只需粗略估计调查采样区主要底栖动物物种的情况。定性采样时，采样区应尽可能选择生境条件最好的水域，如水生植物生长最茂盛的地区（段学花 等，2010）。

无论采用何种采样方法，采样区的选择都直接关系着采样的代表性与可靠性。一般应选择那些水域特性明显的区带，采样点要反映整个水体的基本状况，因此要根据不同环境特点（如水深、流速、底质、水生及滨岸植被、受污染情况等）设置采样断面和采样点。

用采样工具完成底栖动物采样后，将泥样经孔径为420μm的钢网筛筛洗，然后装入密封的塑料样品袋，贴上标签，带回室内进行分拣，一般采用镊子、解剖针或吸管拣选，柔软、较小的动物也可用毛笔分拣。每一塑料样品袋的样品分拣完毕后，需放进样本瓶内，加入75%的酒精溶液进行固定，并在瓶外贴上对应的标签。

将样品带回实验室后，所有的样本需在显微镜下进行鉴定，综合考虑鉴定过程的经济性和鉴定结果的可靠性，利用底栖动物进行快速河流生态评价及底栖动物类群空间差异性比较时，一般鉴定到科级、属级水平即可，对于腹足纲和摇蚊科全体动物，有时鉴定到种级水平。

底栖动物湿重的测定方法是：先用滤纸吸干水分，然后在电子天平上称量；干重（其中软体动物去壳干重）的计算方法是：根据湿重及相应物种的干湿重比计算得到（闫云君和梁彦龄，1999）。功能摄食类群的划分对于理解河流中物质转移和能量流动很为重要，并且功能摄食类群的组成，尤其是捕食者的比例，也是衡量底栖动物群落发展程度的一个指标。参照有关资料对所有物种划分功能摄食类群，主要分为以下 5 种（Morse et al.，1994；Barbour et al.，1999；段学花 等，2010）：

（1）撕食者：以粗颗粒有机质为食。

（2）滤食收集者：摄食悬浮的藻类和有机碎屑。

（3）直接收集者：摄食沉积有机碎屑。

（4）刮食者：以附着的藻类和其他附石物质为食。

（5）捕食者：主要以其他底栖动物为食。

如果一种动物有几种可能的摄食行为，在划分时将它均分到相应的功能摄食类群中。

2.3 评价及分析方法

2.3.1 评价指标

用于河流生态系统评价的指标众多，归纳起来主要是针对河流水文过程、理化条件、栖息地质量以及生物群落 4 个方面，相对应的评价指标为河流水文特征指标、河流形态结构指标、水质理化指标、河岸带状况指标及河流生物指标等（吴阿娜 等，2005；夏自强和郭文献，2008）。本研究主要利用底栖动物群落参数建立能够反映生物多样性水平的指标。

以下所介绍的生物多样性指的是物种多样性，物种多样性又可分为反映某一群落内部或生境内部物种多样性的 α-多样性，反映不同生境间物种差异度或变化梯度的 β-多样性，以及反映整个区域整体多样性总和的 γ-多样性。以下将采用物种丰度指数（S）、香农维纳指数（H'）、改进的香农维纳指数（B）、Margalef丰富度指数 d_M、EPT 丰富度指数和 K-优势曲线，计算各采样断面的 α-多样性来评价底栖动物的物种多样性，从而评价河流健康。

（1）物种丰度指数（S）：采样区内所有底栖动物的物种数之和（段学花 等，2010）。

（2）香农维纳指数（Shannon and Weaver，1949）：

$$H' = -\sum_{i=1}^{S} P_i \ln P_i \tag{2-1}$$

式中，S 为采样区内的底栖动物物种总数；P_i 为第 i 类群中个体数 n_i 占总数 N 的比例，即 $P_i=n_i/N$。H'值越大，则生物多样性越好。

（3）改进的香农维纳指数（王寿兵，2003）：

$$B = -\ln N \sum_{i=1}^{S} P_i \ln P_i \tag{2-2}$$

式中，S 和 P_i 代表的物理含义与式（2-1）中的一致，N 为生物个体总数。该指标考虑了样本总数对生物多样性的贡献，B 值越大，则生物多样性越好。

（4）EPT 物种丰富度指数是指水体中蜉蝣目（Ephemeroptera）、襀翅目（Plecoptera）和毛翅目（Trichoptera）的物种数目之和，常被用作环境评价中。EPT 指数越高，水生态条件一般越好。

（5）Margalef 丰富度指数（Margalef，1958）：

$$d_M = (S-1)/\ln N \tag{2-3}$$

式中，S、N 代表的物理含义与式（2-1）中的一致。d_M 越大，生物多样性越高。

（6）K-优势曲线：按优势度由大到小对一个群落里的各个物种进行排序，然后做出累积密度百分数图。如果一条曲线的各点始终在另外一条曲线之下，它所代表群落的生物多样性就比另一条曲线代表的高（闫云君 等，2005）。

此外，还采用 β-多样性指数（β）来评价河流较长河段中不同生境条件下物种多样性的变化，进而评价较大尺度上栖息地多样性情况，通过栖息地多样性来评价河流生态条件，为河流生态评价开拓新的发展空间，指标计算如下。

β-多样性指数（Wang et al.，2012）：

$$\beta = \frac{M}{1/S\sum_{i=1}^{S} m_i} \tag{2-4}$$

式中，M 为全部采样点数，S 为全部物种数，m_i 为发现物种 i 的采样点数目。该指数随着采样点个数增多而增大，为了对不同河流的栖息地多样性进行比较，可设定一个比较标准，如选取 10km 长的河段内栖息地条件相差最大的 8 个样点进行底栖动物采样，分别计算不同河流的 β 值。β 越大，说明栖息地多样性越好，原则上能够支撑更好的河流生态系统。

2.3.2 分析方法

常用的分析方法包括排序法[除趋势对应分析（DCA）、典范对应分析（CCA）、主成分分析（PCA）和除趋势典范对应分析（DCCA）]、多元方差分析（MANOVA）、非度量多维尺度分析（NMDS）等。

（1）排序法。当生物群落沿着一系列环境条件变化时，群落的物种组成变化往往具有连续性和可预测性，如果重点考察群落变化的连续性，可以用“排序”这种方法（Morris and Craig，2015）。排序是多元统计中最常用的方法之一，是将生物群落样方在环境因素空间中排列出来，空间的排序轴代表了一定的环境梯度，排序的目的是揭示生物与环境之间的关系（张金屯，1995；贾晓妮 等，2007）。常见的排序方法有除趋势对应分析（DCA）、典范对应分析（CCA）、主成分分析（PCA）和除趋势典范对应分析（DCCA）。

除趋势对应分析（Detrended Correspondence Analysis，DCA）是一种基于高斯模型的间接排序方法（Gauch，1982），其排序过程是：先选定任意样方排序为初始值，计算样方初始值的加权平均，所得值即为种类的排序值，再根据种类排序求得样方排序新值，以新值为基础再求种类排序，如此反复迭代直至收敛于一个稳定值而得到最终排序结果（张金屯，1995；刘强 等，2011）。DCA 排序能够客观的反映生物群落的生态关系，是一种非常常用的分析方法（张金屯，1995）。

典范对应分析（Canonical Correspondence Analysis，CCA）是基于对应分析发展而来的一种排序方法，将对应分析与多元回归分析相结合，每一步计算均与环境因子进行回归，又称多元直接梯度分析。其基本思路是在对应分析的迭代过程中，每次得到的样方排序坐标值均与环境因子进行多元线性回归。CCA要求两个数据矩阵，一个是生物数据矩阵，一个是环境数据矩阵。首先计算出一组样方排序值和种类排序值（同对应分析），然后将样方排序值与环境因子用回归分析方法结合起来，这样得到的样方排序值既反映了样方种类组成及生态重要值对群落的作用，也反映了环境因子的影响，再用样方排序值加权平均求种类排序值，使种类排序坐标值也间接地与环境因子相联系。

主成分分析（Principal Component Analysis，PCA）是一种对数据进行简化分析的技术，这种方法可以有效地找出数据中最“主要”的元素和结构，去除噪音和冗余，将原有的复杂数据降维，揭示隐藏在复杂数据背后的简单结构。其优点是简单且无参数限制。通过分析不同样品组成可以反映样品间的差异和距离，PCA运用方差分解，将多组数据的差异反映在二维坐标图上，坐标轴取能够最大反映方差值的两个特征值。如样品组成越相似，反映在PCA图中的距离越近。不同环境间的样品可能表现出分散和聚集的分布情况，PCA结果中对样品差异性解释度最高的两个或三个成分可以用于对假设因素进行验证。

除趋势典范对应分析（Detrended Canonical Correspondence Analysis，DCCA）常用于植被环境关系多元分析，它在分析过程中需要样方-物种数据矩阵和样方-环境因子数据矩阵，是在除趋势对应分析（DCA）的基础上改进而成的（贾晓妮等，2007）。DCCA是在每一轮样方值物种值的加权平均迭代运算后，用样方环境因子值与样方排序值做一次多元线性回归，用回归系数与环境因子原始值计算出样方分值再用于新一轮迭代运算，这样得出的排序轴代表环境因子的一种线性组合。然后加入除趋势算法去掉因第一、二排序轴间的相关性产生的“弓形效应”而成为DCCA。它因为结合物种构成和环境因子的信息计算样方排序轴，结果更理想，并可以直观地把环境因子、物种、样方同时表达在排序轴的坐标平面上，已成为20世纪90年代以来生物梯度分析与环境解释的趋势性方法。

本书采用 DCA 分析来比较不同样本底栖动物群落的相似性，该分析能够将样本在二维或三维空间加以排列，使排列结果能够客观地反映分析对象间的相似关系（Braak and Smilauer，2002）。另外，通过 DCA 排序图和所测量的环境参数，也能够较好地描述底栖动物群落和环境因子之间的关系（张金屯，1995）。软件 Canoco4.53（Microcomputer Power，Ithaca，New York）用于样本的除趋势对应分析，为消除量纲的影响，分析前数据经过了 $\lg(x+1)$ 处理。

（2）多元方差分析。在分析数据时往往要对多个相关的因变量进行相关分析。例如，在评价不同营养处理对植物种子的影响时，因变量包括种子数量、种子均重等。虽然有时可以对各个因变量单独进行方差分析（单因素或多因素），但这种处理存在如下的弊端：

第一，检验效率低。

第二，犯第一类错误的概率增大。

第三，一元分析结果不一致时，难以下结论。

第四，忽略了变量间相关关系。

第五，有时多个观察指标的联合分布存在差异，但单独对每个指标进行统计学检验时却没有统计学意义；反之亦然。

多元方差分析（Multivariate Analysis of Variance，MANOVA）是指有多个因变量的分析，这几个因变量并不是没有关系的，而是应该属于同一种质的不同的形式。MANOVA 把多个响应变量看成一个整体，分析因变量对多个响应变量整体的影响，分析的时候有以下基本假设：

第一，各响应变量的联合分布为多元正态分布。

第二，数据来自样本，观察值间独立。

第三，每个样本的协方差矩阵相同。

第四，响应变量间存在一定的相关关系。

多元方差分析可用来分析底栖动物不同群落特征参数对多种环境因子的响应。

（3）非度量多维尺度分析。非度量多维尺度法（Non-matric Multidimentional Scaling，NMDS）是一种将多维空间的研究对象（样本或变量）简化到低维空间进行定位、分析和归类，同时又保留对象间原始关系的数据分析方法，适用于无法获得研究对象间精确的相似性或相异性数据，仅能得到其间等级关系数据的情形。其基本特征是将对象间的相似性或相异性数据看成点间距离的单调函数，在保持原始数据次序关系的基础上，用新的相同次序的数据列替换原始数据进行度量型多维尺度分析。

换而言之，当资料不适合直接进行变量型多维尺度分析时，对其进行变量变换，再采用变量型多维尺度分析，对原始资料而言，就称为非度量型多维尺度分析。其特点是根据样品中包含的物种信息，以点的形式反映在多维空间上，而对不同样品间的差异程度，则是通过点与点间的距离体现的，最终获得样品的空间定位点图。

NMDS更侧重反映距离矩阵中数值的排序关系，弱化数值的绝对差异程度。在多样本、物种数量多的情况下（可进行排序的数量更大），该模型能更准确地反映出距离矩阵的数值排序信息。因此，当样本数或物种数量过多时，使用NMDS算法更加准确。

参考文献

[1] Arscott D B, Tockner K, Ward J V. Lateral organization of aquatic invertebrates along the corridor of a braided floodplain river. Journal of the North American Benthological Society, 2005, 24(4):934-954.

[2] Bae M J, Chon T S, Park Y S. Characterizing differential responses of benthic macroinvertebrate communities to floods and droughts in three different stream types using a Self-Organizing Map. Ecohydrology, 2014, 7(1):115-126.

[3] Baranov V, Milošević D, Kurz M J, et al. Helophyte impacts on the response of hyporheic invertebrate communities to inundation events in intermittent streams. Ecohydrology, 2017, 10:e1857.

[4] Barbour M T, Gerritsen J, Snyder B, et al. Rapid bioassessment protocols for use in streams and

wadeable rivers: periphyton, benthic macroinvertebrates, and fish. 2th ed. Washington: U.S. Environmental Protection Agency, 1999.

[5] Braak C T, Smilauer P. Canoco Reference Manual and User's Guide to Canoco for Windows: Software for Canonical Community Ordination (Version 4.5). New York, USA: Microcomputer Power, 2002.

[6] Death R G. The effects of floods on aquatic invertebrate communities. Wallingford: CAB International, 2008, 103-121.

[7] Gallardo B, García M, Cabezas Á, et al. Macroinvertebrate patterns along environmental gradients and hydrological connectivity within a regulated river-floodplain. Aquatic Sciences, 2008, 70(3):248-258.

[8] Gauch H G. Multivariate Analysis in Community Ecology. Cambridge, UK: Cambridge University Press, 1982.

[9] Gibbins C, Vericat D, Batalla R J. When is stream invertebrate drift catastrophic? The role of hydraulics and sediment transport in initiating drift during flood events. Freshwater Biology, 2007, 52(12):2369-2384.

[10] Hassan M A, Tonina D, Beckie R D, et al. The effects of discharge and slope on hyporheic flow in step-pool morphologies. Hydrological processes, 2015, 29(3): 419-433.

[11] Lake S, Bond N, Reich P. Floods down rivers: from damaging to replenishing forces. Advances in Ecological Research, 2006, 39:41-62.

[12] Leigh C, Sheldon F. Hydrological connectivity drives patterns of macroinvertebrate biodiversity in floodplain rivers of the Australian wet /dry tropics. Freshwater Biology, 2010, 54(3):549-571.

[13] Lorenz A W, Jähnig S C, Hering D. Re-meandering German lowland streams: qualitative and quantitative effects of restoration measures on hydromorphology and macroinvertebrates. Environmental management, 2009, 44(4):745-754.

[14] Maazouzi C, Galassi D, Claret C, et al. Do benthic invertebrates use hyporheic refuges during streambed drying? A manipulative field experiment in nested hyporheic flowpaths. Ecohydrology, 2017, 10(6):1-12.

[15] Mackey A, Cooling D, Berrie A. An evaluation of sampling strategies for qualitative surveys of macro-invertebrates in rivers, using pond nets. Journal of Applied Ecology, 1984, 21:515-534.

[16] Margalef R. Information theory in ecology. General Systems: Year book of the International Society for the Systems Sciences, 1958, 3:36-71.

[17] Moog O. Quantification of daily peak hydropower effects on aquatic fauna and management to minimize environmental impacts. River Research and Applications, 1993, 8(1-2):5-14.

[18] Morris, Craig. Multivariate analysis of ecological data using canoco 5, 2nd edition. Proceedings

of the Annual Congresses of the Grassland Society of Southern Africa, 2015, 32(4):289-290.

[19] Morse J C, Yang L F, Tian L X. Aquatic insects of china useful for monitoring water quality. Nanjing: Hohai University Press, 1994.

[20] Parasiewicz P, Schmutz S, Moog O. The effect of managed hydropower peaking on the physical habitat, benthos and fish fauna in the River Bregenzerach in Austria. Fisheries Management and Ecology, 1998, 5(5):403-417.

[21] Rolls R J, Leigh C, Sheldon F. Mechanistic effects of low-flow hydrology on riverine ecosystems: ecological principles and consequences of alteration. Freshwater Science, 2012, 31:1163-1186.

[22] Shannon-Wiener C E, Weaver W J. The mathematical theory of communication. Urbana: University of Illinois, 1949.

[23] Stubbington R, Boulton A J, Little S, et al. Changes in invertebrate assemblage composition in benthic and hyporheic zones during a severe supraseasonal drought. Freshwater Science, 2014, 34(1):344-354.

[24] Stubbington R, Greenwood A M, Wood P J, et al. The response of perennial and temporary headwater stream invertebrate communities to hydrological extremes. Hydrobiologia, 2009, 630(1):299-312.

[25] Stubbington R, Wood P J, Reid I, et al. Benthic and hyporheic invertebrate community responses to seasonal flow recession in a groundwater-dominated stream. Ecohydrology, 2011, 4(4):500-511.

[26] Van den Brink P J, Van Wijngaarden R, Lucassen W G H, et al. Effects of the insecticide Dursban® 4E (active ingredient chlorpyrifos) in outdoor experimental ditches: II. Invertebrate community responses and recovery. Environmental Toxicology and Chemistry, 1996, 15(7):1143-1153.

[27] Wang Z Y, Lee J H W, Melching C S. River dynamics and integrated river management. Berlin and Beijing: Verlag and Tsinghua Press, 2012.

[28] Wieczorek M V, Bakanov N, Bilancia D, et al. Structural and functional effects of a short-term pyrethroid pulse exposure on invertebrates in outdoor stream mesocosms. Science of the Total Environment, 2018, 610-611:810-819.

[29] 段学花，王兆印，徐梦珍．底栖动物与河流生态评价．北京：清华大学出版社，2010.

[30] 贾晓妮，程积民，万惠娥．DCA、CCA和DCCA三种排序方法在中国草地植被群落中的应用现状．中国农学通报，2007，23（12）：391-395.

[31] 刘强，范瑞锭，肖海燕．极点排序与DCA排序的比较研究．云南地理环境研究，2011，23（6）：74-78.

[32] 任海庆，袁兴中，刘红，等．环境因子对河流底栖无脊椎动物群落结构的影响．生态学

报，2015，35（10）：3148-3156.

[33] 沈坚，赵颖，李少南，等．三种常用农药对环棱螺、圆田螺和河蚬的急性毒性研究．农药学学报，2013，15（5）：559-566.

[34] 王备新，杨莲芳．溪流底栖动物定量与半定量采样法比较研究．应用与环境生物学报，2006，12（5）：719-721.

[35] 王寿兵．对传统生物多样性指数的质疑．复旦学报（自然科学版），2003，42（6）：867-868+874.

[36] 王伟莉，闫振广，何丽，等．五种底栖动物对优控污染物的敏感性评价．中国环境科学，2013，33（10）：1856-1862.

[37] 吴阿娜，杨凯，车越，等．河流健康状况的表征及其评价．水科学进展，2005，16（4）：602-608.

[38] 夏自强，郭文献．河流健康研究进展与前瞻．长江流域资源与环境，2008，17（2）：252-256.

[39] 闫云君，李晓宇，梁彦龄．草型湖泊和藻型湖泊中大型底栖动物群落结构的比较．湖泊科学，2005，17（2）：176-182.

[40] 闫云君，梁彦龄．水生大型无脊椎动物的干湿重比的研究．华中理工大学学报，1999，27（9）：61-63.

[41] 张金屯．植被数量生态学方法．北京：中国科学技术出版社，1995，97-170.

第3章　泥沙条件对底栖动物的影响

3.1　潜流层泥沙与底栖动物

潜流层（hyporheic zone）（图3.1）是位于河床之下并延伸至边岸带的饱和沉积物层，是河流地表水与真正的地下水相互作用的交错区域，水、营养物和有机物在这里发生动态交换（袁兴中和罗固源，2003）。由于潜流层水文作用机理的独特性，其在调节水文、缓冲环境、保护生态等方面扮演着重要角色，是地下水和地表水系统的重要屏障，是保持河流生物多样性和流域生态平衡的重要环节（夏继红　等，2013）。作为河流生态系统的重要组成部分，潜流层在河流生态完整性中起着重要作用。已有研究表明，潜流层可能是底栖动物应对干旱、洪水等恶劣条件的“避难场所”，也是河床表层底栖动物重新栖息的重要“种源地”；潜流层的底栖动物和微生物对流经潜流层的污染物进行“生物过滤”，对地下水起到一定的缓冲作用（张跃伟　等，2014）。另外，潜流水文交换也影响了河床表面鱼卵和胚胎的成活率（Hester and Gooseff，2010）。

由于缺乏光照，潜流层生活的主要生物为微生物和底栖无脊椎动物，微生物主要包括细菌、原生动物等，它们包裹在潜流层泥沙表面，形成一层生物膜（biofilms）（Timoner et al.，2012），底栖无脊椎动物（底栖动物）是生命周期全部或某一时间段生活在河床底质中的动物，潜流层是它们的主要生活场所。微生物形成的生物膜为潜流层底栖动物提供了食物来源，底栖动物是生活在潜流层的重要大型生物，处于潜流层食物链的顶端。底栖动物主要通过摄食活动和排泄物等对潜流层的物理结构和生物机制产生影响（张跃伟　等，2014），在潜流层的物质循环和能量流动中起着重要作用。

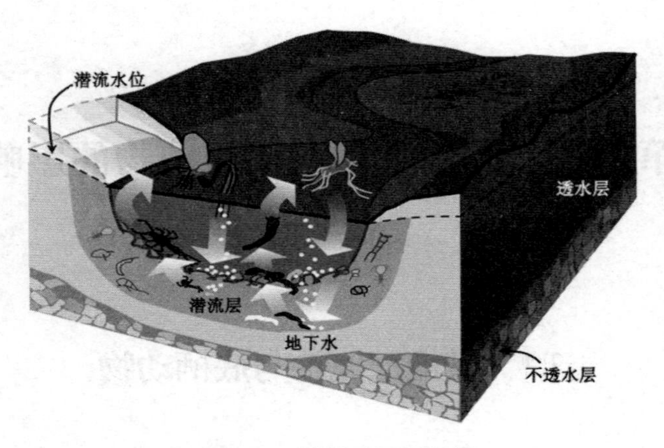

图 3.1 河流潜流层示意图

近几十年，受人类活动的影响，河流生态退化问题引起全世界的关注，河流生态修复得到了广泛研究和实践。但是，在很多河道治理工程中，往往忽略了潜流层的生态效应，如硬化河岸或河床，直接截断地表水和地下水之间的连通，破坏潜流层生物的栖息环境和河流生态完整性。随着对潜流层认识的加深，潜流层在河流生态完整性中的作用逐渐受到关注，近年来，针对河床潜流层的研究逐渐增多。由于不同研究领域对潜流层的定义各不相同，学者们可以根据研究需要调整潜流层的范围（White，1993）。在河流生态研究中，潜流层被认为是床面以下一定深度，可供底栖动物和微生物永久或偶然生活、栖息的底质空间（Edwards，1998）。

由于对河床表面的底栖动物采样相对简单，定量比较容易（Xu et al.，2012），目前关于河床表面底栖动物的分布及物种组成的研究已经广泛开展（Erman and Erman，1984；Evans and Norris，1997；Beisel et al.，1998；Beauger et al.，2006）。研究发现，底栖动物的物种组成及多样性同底质的类型和栖息地的复杂程度密切相关（O'connor，1991；Collier et al.，1998；Duan et al.，2009）。底栖动物多样性在有水生植物生长的卵石河床上最高，在基岩和沙质河床上均较低（Beisel et al.，1998；Duan et al.，2009）。复杂和异质性高的栖息地上生存的底栖动物群落更多样和丰富（Schmude et al.，1998）。另外，水温、水的污染程度、流域的土地利用方式等环境要素均影响河床表面底栖动物的组成和分布（Thorne and Williams，

1997；Sponseller et al.，2001；Lessard and Hayes，2003；Xu et al.，2014）。由于直接对潜流层深处的底栖动物采样和定量比较困难，再加上相关研究资料和经验欠缺（Bretschko，1992；Palmer，1993），所以，与床面上底栖动物的研究相比，关于底栖动物在潜流层垂向分布的报道相对较少，并且主要集中在国外（Godbout and Hynes，1982；Williams，1989），国内则少有研究（Xu et al.，2012）。

尽管关于潜流层底栖动物的研究比较困难，但是潜流层在河流生态系统中的重要价值还是激发了一些学者的热情。目前对潜流层底栖动物分布及其与环境因子的关系已经有了初步认识（Brunke and Gonser，1997；Boulton et al.，2010），有研究认为，潜流层孔隙的溶解氧含量同底栖动物的密度、生物量和物种丰度之间存在重要关系（Boulton et al.，1997；Franken et al.，2001）。但是很多研究表明，底质的特性（如粒径大小、孔隙率和细颗粒泥沙的含量）对决定潜流层的底栖动物垂向分布具有更直接的影响（Olsen and Townsend，2003；Weigelhofer and Waringer，2003）。Maridet 等（1992）对 3 个不同的流水生态系统潜流层的底栖动物进行了研究，认为与营养参数相比，底质的孔隙率与底栖动物的垂向分布有着更紧密的联系。孔隙率与细颗粒泥沙的含量呈负相关关系（Maridet et al.，1992），因此，潜流层细颗粒泥沙含量也是影响底栖动物群落的主导因素（Richards and Bacon，1994），底栖动物的密度与潜流层细颗粒泥沙的含量呈负相关关系（Weigelhofer and Waringer，2003）。

对底栖动物在潜流层的栖息深度的研究发现，虽然大部分底栖动物生存在床面以下 15cm 内，但是在床面以下深度 60cm 处仍然发现有底栖动物（Maridet et al.，1992）。甚至有研究指出，卵石河床上底栖动物能达到床面以下 70cm 深处（Omesová and Helešic，2007）。底质类型影响了底栖动物在潜流层的栖息深度，徐梦珍等人通过对中国北方一些河流的野外调查和试验指出，底栖动物的生活层厚度从几厘米到几十厘米变化不等，主要同底质有关（Xu et al.，2012）。

总结起来，尽管目前对潜流层生态已经开展了一些研究，但是仍然缺乏进一步的认识。主要问题是对不同床沙组成的潜流层底栖动物的特征、分布、群落结构及其影响因子缺乏系统的研究。针对该问题，本节通过试验研究了潜流层中生物因子底栖动物与非生物因子底质组成及特性、河床深度等因子间的关系；研究了不同床沙组成的河床潜流层中垂向上底栖动物的群落特征，给出了孔隙量对底栖动物群落的影响；研究了藻类生物膜对底栖动物在潜流层中垂向分布的影响，并揭示了其影响机理；给出了底栖动物对新生栖息地入迁所需时间的一般规律。

3.1.1 试验区域及方法

1. 试验区域

试验点1位于拒马河，拒马河是北京五大水系之一，是海河流域大清河的支流。团队长期在拒马河开展野外生态试验，对该区域有比较丰富的知识积累和认识。因此选择该区域为试验地点，研究不同床沙对潜流层底栖动物垂向分布的影响。拒马河流域属于暖温带半湿润大陆性气候，冬季寒冷干燥，夏季降雨集中，年平均降雨量为588mm，年平均气温为12.5℃。试验河段位于北京郊区，河床组成主要是卵石、砾石和粗砂，水质良好，受人类干扰较小，试验点坐标为 N 39°38′53.19"，E 115°32′26.60"。

试验点 2 位于碧山河，是属于西枝江的一条支流，位于惠州地区，河流底质条件、水流条件及周边环境同拒马河类似，选择该区域为试验地点，与拒马河试验一起分析，以期得出底栖动物在潜流层分布的一般规律。碧山河处于亚热带和热带地区，属于亚热带海洋性季风气候，年平均降水量为 1500～2400mm，年平均气温为21～24℃。试验河段位于碧山河上游，水质良好，受人类活动干扰较小，河床组成同拒马河类似，试验点坐标为N 22°56'5.78"，E 114°45'39.59"。

2. 试验布置及方法

底栖动物在潜流层的栖息深度为25～70cm（Xu et al.，2012），但是传统的采样工具只能采到河床以下深度 5～10cm，并且通过现场采样发现，自然河床的垂向分层采样很困难，对河床干扰大，还容易受到水流的影响，很难区分不同层的底栖动物。因此野外试验采用人工挖除河床，重新放上装有人工底质的多层笼子的方法，给底栖动物提供一个新的栖息地，供其重新栖息，一段时间后再分层取样，这样可以减少人工挖掘河床对采样结果造成的干扰。

拒马河的试验时间为 2011 年 7—8 月，试验时长为 6 周，试验分 3 种工况，即 D_{50}=10cm 无藻类着生的卵石（S1）、D_{50}=10cm 着生有藻类生物膜的卵石（S2）和卵石夹沙（S3）。碧山河的试验时间为 2012 年 7—8 月，试验时长分别为 4 周和 6 周，试验分 3 种工况，即 D_{50}=2cm 卵石（S4）、D_{50}=10cm 卵石（S5）和卵石夹沙（S6）。对各种工况的底质粒径进行了测量，其中，卵石夹沙工况的粒径采用筛分法测定，其他工况的粒径采用尺量法测定，图 3.2 给出了拒马河和碧山河的底质粒径级配曲线。

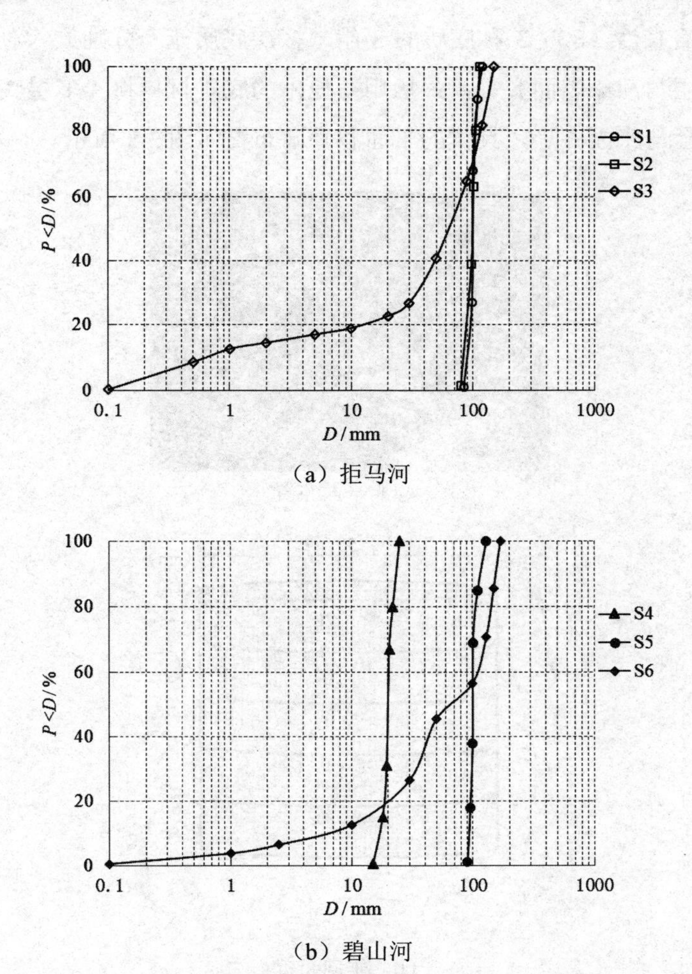

（a）拒马河

（b）碧山河

图 3.2 底质粒径级配曲线

拒马河试验步骤及方法：首先在岸边及河床上选出比较均匀的粒径为 10cm 的无藻类着生的卵石及着生有藻类生物膜的卵石，卵石夹沙则采用开挖河床所得的材料。将 3 种底质材料分别装入 3 组“多层底质笼”中，每组“多层底质笼”由 5 个高 10cm、直径 56cm、底面积 $0.25m^2$、筛孔径 1cm×1cm 的钢丝笼层叠而成，其中，着生有藻类生物膜的卵石在装入笼子之前在水中进行充分冲洗，保证其表面不携带大型底栖动物。在河流中间选择合适的 3 个点 S1、S2、S3，分别向下挖深 50cm、直径 1m 的坑，将盛装无藻类着生的卵石（S1）、有藻类生物膜的卵石（S2）和卵石夹沙（S3）3 种底质的 3 组“多层底质笼”分别放入对应的坑中，笼子的最上层与河床表面齐平，最后用开挖出的底质材料将“多层底质笼”周围的空隙回填至与床面齐平。具体的平面和垂向布置如图 3.3 所示。

（a）平面布置

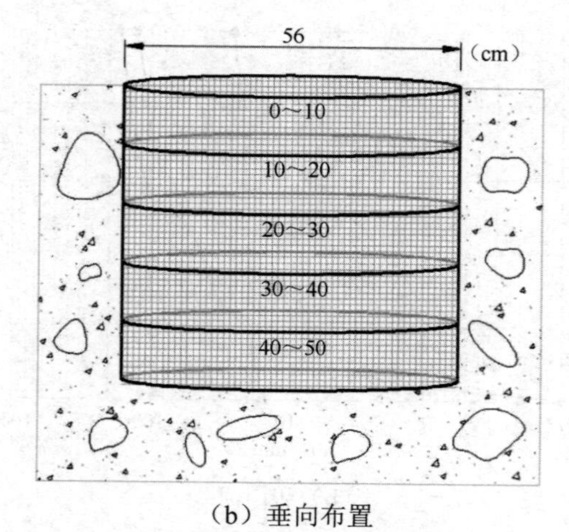

（b）垂向布置

图 3.3　拒马河试验布置图

碧山河的试验步骤及方法与拒马河基本相同，不同的是：碧山河底质分别为 D_{50}=2cm 卵石和 D_{50}=10cm 卵石和卵石夹沙；“多层底质笼”由 6 个高 10cm、边长为 50cm、底面积为 0.25m^2、筛孔径为 1cm×1cm 的钢丝笼层叠而成；床面向下开挖深度为 60cm。具体的平面和垂向布置如图 3.4 所示。

（a）平面布置

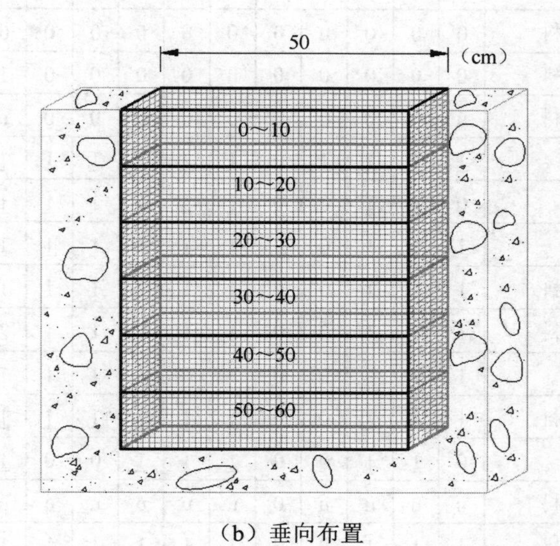

（b）垂向布置

图 3.4　碧山河试验布置图

3.1.2 底栖动物种类、垂向分布特征及影响因素

1. 底栖动物种类

表 3.1 给出了拒马河的底栖动物种类名录。拒马河共采集 15 个样本，15 个样本中共鉴定底栖动物 56 种，隶属于 39 科 53 属。表 3.2 给出了碧山河的底栖动物种类名录（试验时长 4 周）。碧山河共采集 36 个样本（4 周和 6 周），36 个样本中共鉴定底栖动物 87 种，隶属于 39 科 75 属，其中，4 周样本共鉴定底栖动物 65 种，隶属于 33 科 58 属，6 周样本共鉴定底栖动物 64 种，隶属于 33 科 58 属。

表 3.1　拒马河底栖动物种类名录

门	科	卵石夹沙					无藻类着生的卵石					有藻类生物膜的卵石				
		1	2	3	4	5	1	2	3	4	5	1	2	3	4	5
扁形动物门	涡虫纲一科	u	u	u	u	0	u	u	u	u	u	u	u	u	u	u
环节动物门	颤蚓科	1	0	1	1	0	0	0	1	0	1	0	0	0	0	0
软体动物门	蚬科	0	0	1	1	0	1	1	1	1	1	1	1	1	1	1
	椎实螺科	0	0	0	0	0	0	0	0	0	0	0	1	0	0	0
	狭口螺科	0	0	0	0	0	0	0	0	0	0	1	0	0	0	0
节肢动物门	匙指虾科	u	0	0	0	0	u	0	0	0	0	u	0	0	0	0
	蜉蝣科	1	1	1	1	0	1	1	1	1	1	1	1	1	1	1
	新蜉科	0	1	1	0	0	1	1	1	1	1	1	1	1	1	0
	扁蜉科	1	1	1	0	0	1	1	1	1	1	1	1	0	0	0
	花鳃蜉科	1	1	1	0	0	1	1	1	1	1	1	1	1	1	0
	四节蜉科	1	1	1	0	0	1	1	1	1	1	2	2	2	0	0
	等蜉科	1	1	0	0	0	1	0	1	1	1	1	1	0	0	0
	细裳蜉科	1	1	1	0	0	1	1	1	1	1	1	1	1	1	0
	细蜉科	0	1	1	0	0	1	1	1	0	0	1	1	0	1	1
	纹石蛾科	u	u	u	u	0	u	u	u	u	u	u	u	u	u	0
	角石蛾科	1	1	1	0	0	1	1	1	1	1	1	1	1	1	1
	小石蛾科	1	0	0	0	0	0	0	0	0	0	1	0	1	0	0
	长角石蛾科	0	0	0	0	0	0	u	u	0	0	0	u	0	u	u
	鱼蛉科	1	0	0	0	0	1	0	0	1	0	1	1	1	1	1

续表

门	科	卵石夹沙					无藻类着生的卵石					有藻类生物膜的卵石				
		1	2	3	4	5	1	2	3	4	5	1	2	3	4	5
节肢动物门	箭蜓科	1	1	1	0	0	1	1	1	2	1	1	1	1	1	0
	大蜓科	0	0	0	0	0	0	0	0	u	u	0	0	0	0	0
	河蟌科	0	u	0	0	0	0	0	0	0	0	0	0	0	0	0
	丝蟌科	u	0	0	0	0	u	0	0	0	0	u	0	0	u	0
	长角泥甲科	1	1	1	1	0	1	1	1	0	0	1	1	1	1	0
	水龟甲科	1	0	0	0	0	0	0	0	0	0	0	1	0	0	0
	龙虱科	1	0	0	0	0	0	0	0	0	0	0	0	0	0	0
	扁泥甲科	0	0	0	u	0	0	0	0	u	0	u	0	u	u	0
	沼梭科	0	0	0	0	0	0	0	0	0	0	0	0	0	u	0
	沼甲科	0	0	0	0	0	0	0	0	0	0	u	u	0	u	0
	宽肩蝽科	0	u	0	0	0	0	0	0	0	0	0	0	0	0	0
	潜水蝽科	1	1	0	1	0	1	1	0	1	1	1	1	1	0	0
	大蚊科	1	1	1	1	0	1	1	1	1	1	0	1	1	1	0
	虻科	u	u	0	0	0	0	0	0	0	0	0	0	0	0	0
	长足虻科	0	0	0	0	0	u	0	0	0	0	0	0	0	0	0
	蠓科	u	0	u	u	0	u	0	0	0	0	0	0	0	0	0
	摇蚊科	7	4	7	5	0	5	4	3	3	5	4	3	4	6	4

注：共分 5 层，第二行中“1”代表“0～10cm”，“2”代表“10～20cm”，……，以此类推；u 表示没有鉴定到属或者种，下划线的数据是属数。

表 3.2 碧山河底栖动物种类名录

门	科	D_{50}=2cm						D_{50}=10cm						卵石夹沙					
		1	2	3	4	5	6	1	2	3	4	5	6	1	2	3	4	5	6
线虫动物门	线虫纲一科	0	u	0	0	0	u	0	0	0	0	0	0	0	0	0	0	u	0
环节动物门	仙女虫科	0	u	0	u	u	0	0	u	u	u	u	u	0	u	0	0	0	0
	颤蚓科	0	0	0	0	0	0	0	0	0	0	0	0	0	1	0	0	0	0
	石蛭科	1	1	1	1	1	1	1	1	1	1	1	1	1	1	1	0	1	0
	扁蛭科	2	0	0	0	0	0	2	1	0	0	0	0	1	1	0	1	0	0
软体动物门	蚬科	1	1	1	1	1	1	1	1	1	1	1	0	1	1	1	1	1	1

续表

门	科	D_{50}=2cm						D_{50}=10cm						卵石夹沙					
		1	2	3	4	5	6	1	2	3	4	5	6	1	2	3	4	5	6
软体动物门	瓶螺科	0	1	0	1	1	0	0	0	2	0	0	0	0	0	0	1	1	0
	扁卷螺科	0	0	0	0	1	0	0	0	0	0	0	0	0	0	0	0	0	0
	田螺科	0	0	0	0	0	0	0	0	1	0	0	0	1	0	0	0	0	0
节肢动物门	螨形目一科	0	u	0	0	0	0	0	0	0	0	0	0	0	0	0	0	0	0
	匙指虾科	1	0	0	0	0	0	1	0	0	0	0	0	1	0	0	0	0	0
	四节蜉科	2	2	1	2	0	0	2	2	1	2	1	1	2	2	2	2	1	1
	扁蜉科	2	0	1	0	1	1	2	2	2	1	1	1	2	2	2	1	1	2
	短丝蜉科	1	0	0	0	0	0	1	1	0	0	0	1	1	1	0	0	0	0
	等蜉科	1	0	0	0	0	0	0	0	0	0	0	0	0	0	0	0	0	0
	小蜉科	2	0	0	0	0	0	0	1	0	0	0	0	0	1	0	0	0	0
	细裳蜉科	1	1	2	1	1	2	2	1	1	1	1	0	1	2	1	1	1	0
	细蜉科	3	1	0	0	0	0	1	1	0	0	0	0	1	1	0	1	1	0
	纹石蛾科	u	u	u	u	u	u	0	0	0	0	0	0	u	u	u	0	u	0
	长角石蛾科	0	0	0	0	1	0	0	0	0	0	0	0	0	0	0	0	0	0
	短石蛾科	0	0	0	0	0	0	1	1	0	0	0	0	0	0	0	0	0	0
	长角泥甲科	1	1	2	1	0	2	0	0	0	0	1	1	0	1	1	1	0	1
	箭蜓科	1	0	0	0	0	1	1	0	0	0	0	0	0	0	0	1	1	1
	腹鳃蟌科	u	0	0	0	0	0	u	0	0	0	0	0	0	0	0	u	0	0
	丝蟌科	0	1	1	1	1	0	1	0	0	0	0	0	0	0	2	1	0	0
	蜻科	0	0	0	0	0	1	0	0	0	0	0	0	0	0	0	0	1	0
	伪蜻科	0	0	0	0	0	0	0	0	1	0	0	0	0	0	0	0	0	1
	螟蛾科	2	0	0	0	0	0	0	0	0	0	0	0	0	0	1	0	0	0
	鱼蛉科	u	u	0	u	u	u	u	u	u	0	0	0	u	0	u	u	u	0
	潜水蝽科	0	0	0	0	0	0	0	0	0	0	0	0	0	0	0	1	0	0
	大蚊科	0	0	0	0	0	0	0	0	0	0	0	0	0	1	0	0	0	0
	蚋科	1	0	0	0	0	0	0	0	0	0	0	0	0	0	0	0	0	0
	摇蚊科	4	4	4	3	4	4	5	4	2	5	3	1	3	4	5	4	4	3

注：共分 6 层，第二行中“1”代表“0～10cm”，“2”代表“10～20cm”，……，以此类推；u 表示没有鉴定到属或者种，下划线的数据是属数。

2. 稳定入迁所需时间

（1）前人研究基础。团队在拒马河开展了长期的野外生态试验，相关结果如下：

Xu et al.（2012）于2009年6～8月在拒马河进行了潜流层底栖动物垂向分布试验，试验工况为D_{50}=2cm卵石、D_{50}=5cm卵石和D_{50}=10cm卵石。研究表明，底栖动物对新生栖息地达到稳定入迁至少需要6周。下文介绍本研究中2个试验得出的稳定入迁时间，并与前人的研究进行比较。

（2）拒马河。图3.5给出了拒马河底栖动物的DCA排序图，图中“1”“2”“3”“4”“5”分别代表底质深度为“0～10cm”“10～20cm”“20～30cm”“30～40cm”“40～50cm”的底栖动物样本，深度越深，第一轴的数值越大。另外，不同类型底质的底栖动物样本沿第二轴也呈现出明显的分化。因此，第一轴代表的是底质的深度变化，第二轴代表的是底质的类别。DCA排序图中，底栖动物样本呈现出明显聚类，经过6周的时间，底栖动物在新生栖息地中已经达到较高的入迁程度。

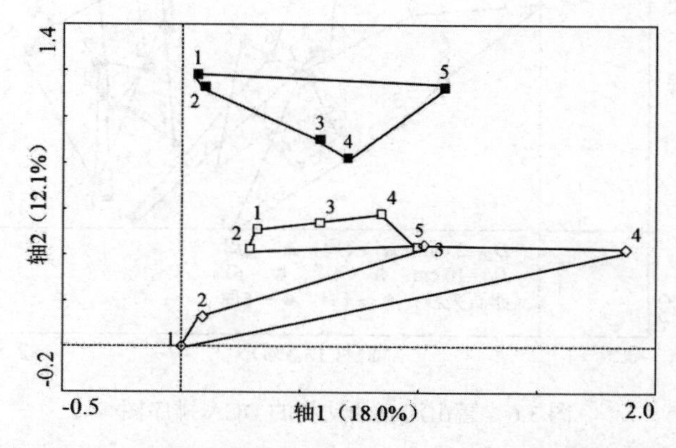

卵石加沙—◇；无藻类着生的卵石—□；有藻类生物膜的卵石—■

图3.5 拒马河底栖动物的DCA排序图

（3）碧山河。碧山河试验点4周底栖动物物种比6周高1种，这初步说明4周时底栖动物在新生栖息地中已达到较高的入迁程度。对4周和6周的底栖动物数据进行了 DCA 排序分析，图 3.6 给出了碧山河底栖动物的 DCA 排序图。图中“1”“2”“3”“4”“5”“6”分别代表底质深度为“0～10cm”“10～20cm”“20～30cm”“30～40cm”“40～50cm”“50～60cm”的底栖动物样本。试验时长为 6 周的样本均排在 4 周样本的右方，6 周的样本沿底质粒径梯度上的分化并不明显，4 周的样本沿底质粒径梯度上出现了一定的分化，且中值粒径越大，第一轴的值也越大。此外，4 周的样本沿底质深度也呈现一定的分化，深度越浅，第二轴的数值越小。因此，第一轴反映了底栖动物沿试验时长和粒径上的排列，第二轴反映了底栖动物沿深度上的排列。

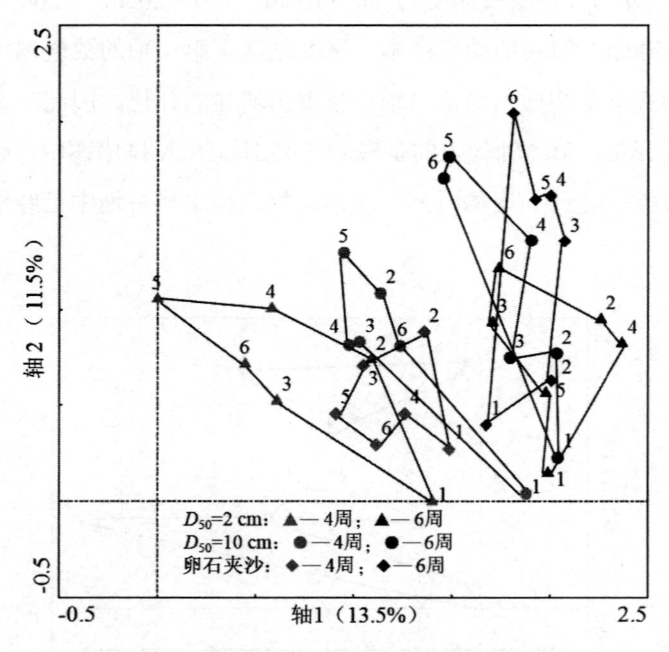

图 3.6　碧山河底栖动物的 DCA 排序图

底栖动物在对新生栖息地入迁的过程中，其功能摄食类群组成是变化的，了解功能摄食类群组成对底栖动物的入迁程度会有更准确的认识。表 3.3 给出了所有样本中底栖动物各功能摄食类群的密度组成。所有样本中，收集者的密度最高，为优势类群，其次为刮食者和捕食者，撕食者的密度最低。

表 3.3 底栖动物各功能摄食类群密度组成 单位：个/m²

工况	底质深度/cm	撕食者		滤食收集者		直接收集者		刮食者		捕食者	
		4周	6周	4周	6周	4周	6周	4周	6周	4周	6周
D_{50}=2cm	0～10	178	8	784	59	2180	1063	456	372	494	171
	10～20	12	8	16	8	86	978	32	92	158	342
	20～30	10	2	24	12	76	308	4	68	58	186
	30～40	2	2	20	16	46	110	8	20	56	44
	40～50	22	4	22	16	46	138	16	48	62	66
	50～60	10	2	16	8	56	122	18	28	116	56
D_{50}=10cm	0～10	12	8	99	111	545	1379	480	1936	297	511
	10～20	6	4	32	2	158	352	120	192	52	58
	20～30	8	0	24	4	58	68	40	28	18	12
	30～40	2	0	8	0	36	112	4	20	26	40
	40～50	0	2	8	2	34	16	12	24	26	8
	50～60	0	2	0	2	20	52	8	48	4	16
卵石夹沙	0～10	0	2	80	61	352	669	140	704	296	247
	10～20	6	6	44	10	170	238	52	172	104	46
	20～30	14	2	16	14	162	292	92	128	236	64
	30～40	12	10	8	0	116	196	40	68	344	74
	40～50	16	4	44	8	40	232	16	84	144	128
	50～60	8	0	4	0	24	114	16	4	68	30

捕食者是一类主要靠捕食其他底栖动物为生的类群。由于食物来源原因，这类动物对新生栖息地的入迁时间较晚，需要其他类群发展到一定程度才能逐渐出现。图 3.7 给出了捕食者、收集者和其他功能摄食类群的百分比组成及分布。由图可知，4 周的样本分布在三角形右侧，6 周样本分布在三角形左侧，这说明 4 周的样本中捕食者所占比例比 6 周的高。另外，不同深度中的底栖动物功能摄食类群组成比例也不同，捕食者在30～50cm的范围内出现的比例很高，收集者在0～20cm 深度底质中出现的比例较高，在 30～50cm 深度底质中出现的比例相对较低。

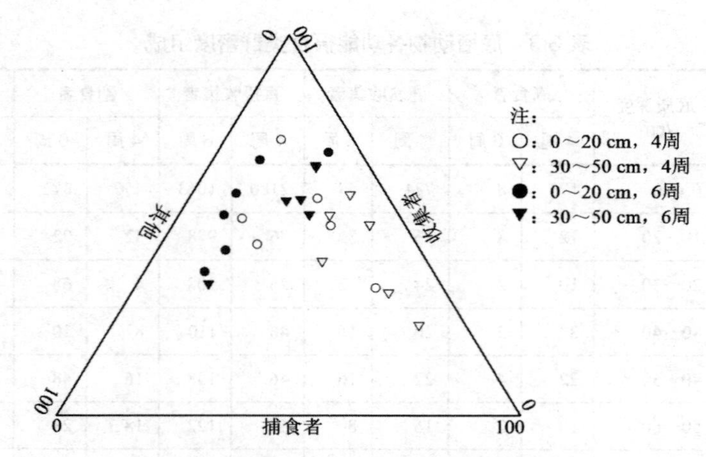

图 3.7 不同功能摄食类群沿底质垂向的分布

由以上分析可知，底栖动物对新生栖息地的迁入时间在 4 周后逐渐稳定，6 周样本又出现变动的原因可能是，6 周采样前碧山河刚好发生过一场洪水，洪水会造成部分生物的漂移和死亡，另外，为了躲避洪水，底栖动物会向潜流层深处迁移，底栖动物的这些活动会打破已经形成的稳定格局。因此，为了了解底栖动物在潜流层的栖息特性，碧山河的分析采用 4 周时长的样本数据。

鉴于上述分析，可得结论：对于卵石河床，在夏季底栖动物对新生栖息地达到稳定入迁所需的时间至少为 4～6 周。

3. 多样性、密度、相对丰度、生物量沿底质垂向的分布特征

选择拒马河和碧山河 2 个试验点的 D_{50}=2cm 卵石、D_{50}=10cm 卵石和卵石夹沙 3 种工况进行分析，其中，拒马河 D_{50}=2cm 卵石和 D_{50}=10cm 卵石 2 种工况取自 Xu et al.（2012）时长 6 周的试验。图 3.8 和图 3.9 给出了底栖动物丰度 S 及改进的香农维纳指数 B 沿底质垂向的变化。拒马河地区 3 种工况，随着底质深度的增加，底栖动物多样性在 0～30cm 深度变化不大，在 30～60cm 深度迅速减小为 0。对碧山河地区 3 种工况，随着底质深度的增加，底栖动物多样性呈衰减趋势，同深度 0～10cm 内的多样性相比，深度 50～60cm 的 S 减小了 41%～71%，B 减小了 37%～62%。整体而言，随着底质深度的增加，底栖动物多样性呈减小趋势，底栖动物在床面下栖息的深度至少大于 40cm。

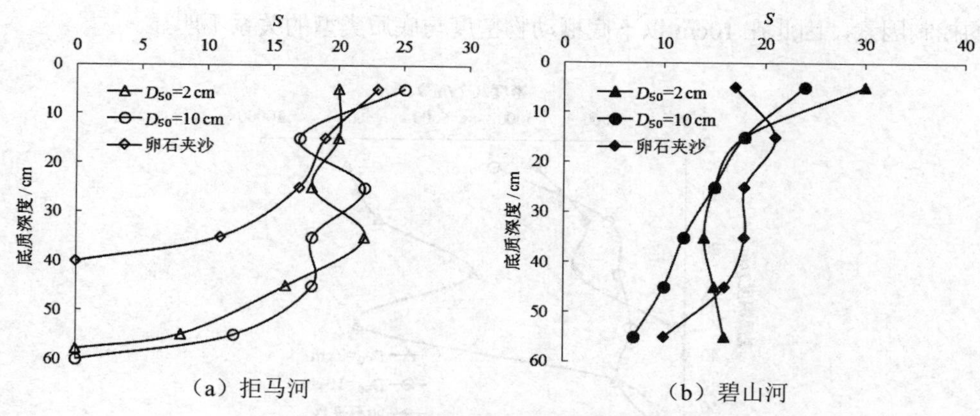

（a）拒马河　　　　　　　　　　（b）碧山河

图 3.8　物种丰度 S 沿底质垂向的变化

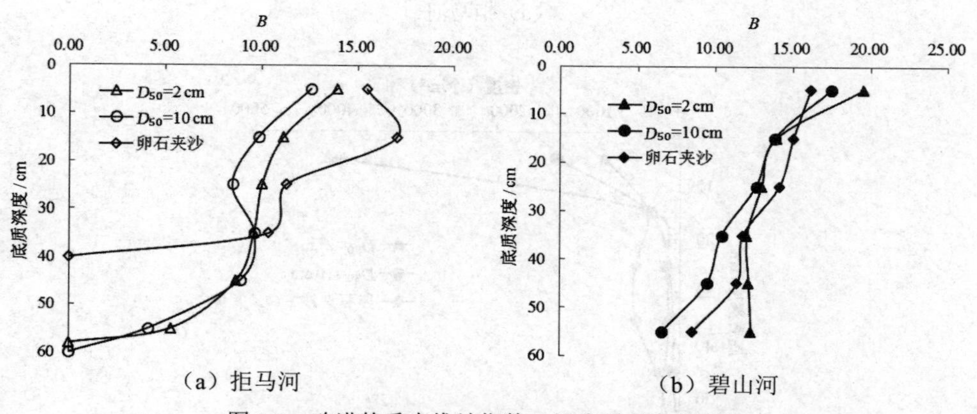

（a）拒马河　　　　　　　　　　（b）碧山河

图 3.9　改进的香农维纳指数 B 沿底质垂向的变化

图 3.10 给出了底栖动物密度沿底质垂向的变化，2 个试验点底栖动物的密度整体变化规律与多样性变化规律一致，随着深度的增加，密度呈整体减小趋势。在表层 0～10cm 深度内，2 个试验点的底栖动物密度大小依次为 D_{50}=2cm 卵石>D_{50}=10cm 卵石>卵石夹沙，这主要与不同底质的孔隙量有关，底质之间的孔隙为底栖动物提供了生存空间，孔隙量越高，生存空间越大，2cm 粒径卵石的孔隙量最高，其次为 10cm 粒径，卵石夹沙底质孔隙量最低。在表层 0～10cm 内，光线、食物来源、溶解氧等均很充足，不会成为限制底栖动物发展的条件，孔隙量就成为影响底栖动物的主导因子。而 10cm 以下深度受营养物质来源等的影响，孔隙量不是主要

的控制因素，因此在 10cm 以下底栖动物密度与底质类型的关系不明显。

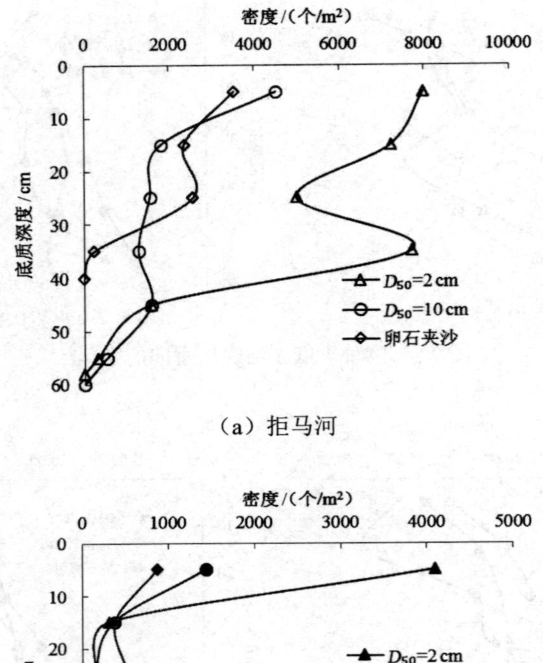

（a）拒马河

（b）碧山河

图 3.10 底栖动物密度沿底质垂向的变化

相对丰度为每种底栖动物个体数占底栖动物总个体数的比例，图 3.11 给出了拒马河地区不同种类底栖动物的相对丰度，图 3.12 给出了碧山河地区不同种类底栖动物的相对丰度。在拒马河地区，蜉蝣目、涡虫纲和毛翅目为优势类群，其相对丰度之和基本超过了 75%。在碧山河地区，蜉蝣目、双翅目和蛭纲为优势类群，相对丰度之和超过了 50%。另外，对比发现 2 个试验点处卵石夹沙底质中双翅目的相对丰度要明显高于另外 2 种底质。

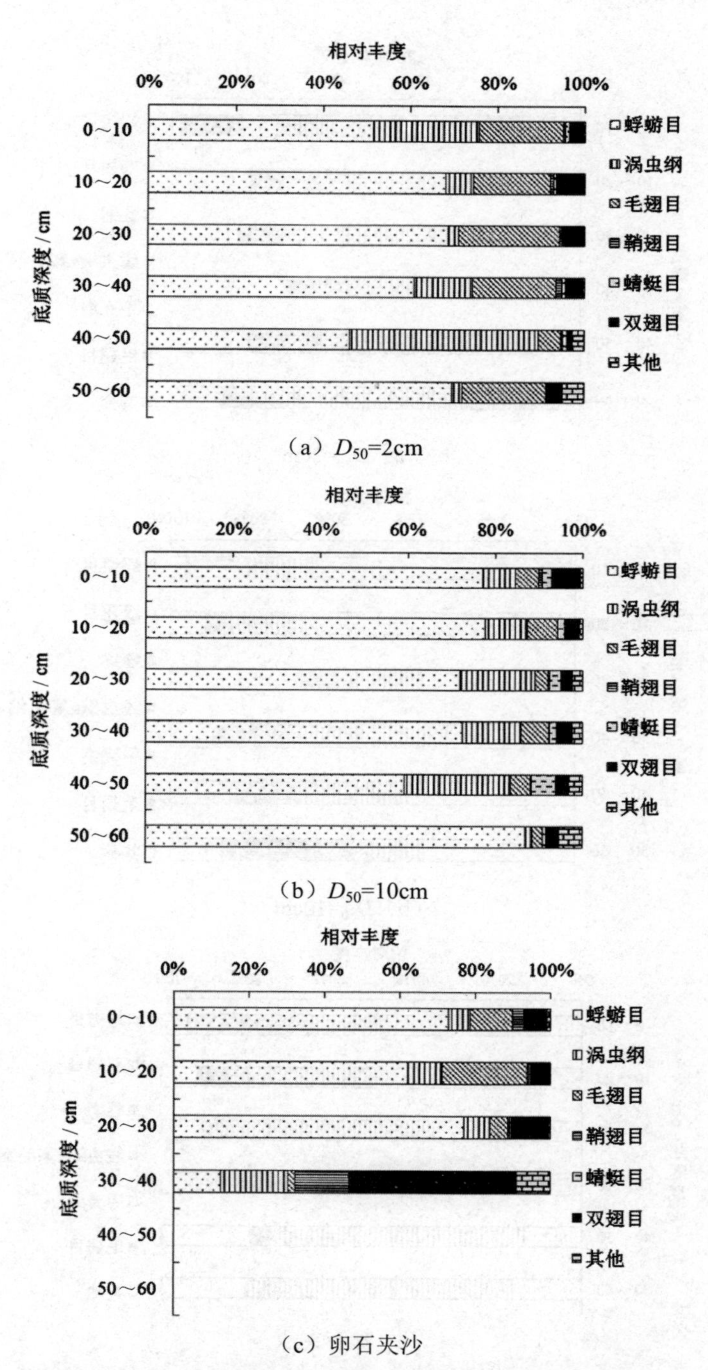

（a）D_{50}=2cm

（b）D_{50}=10cm

（c）卵石夹沙

图 3.11 拒马河底栖动物不同种类相对丰度沿底质垂向的变化

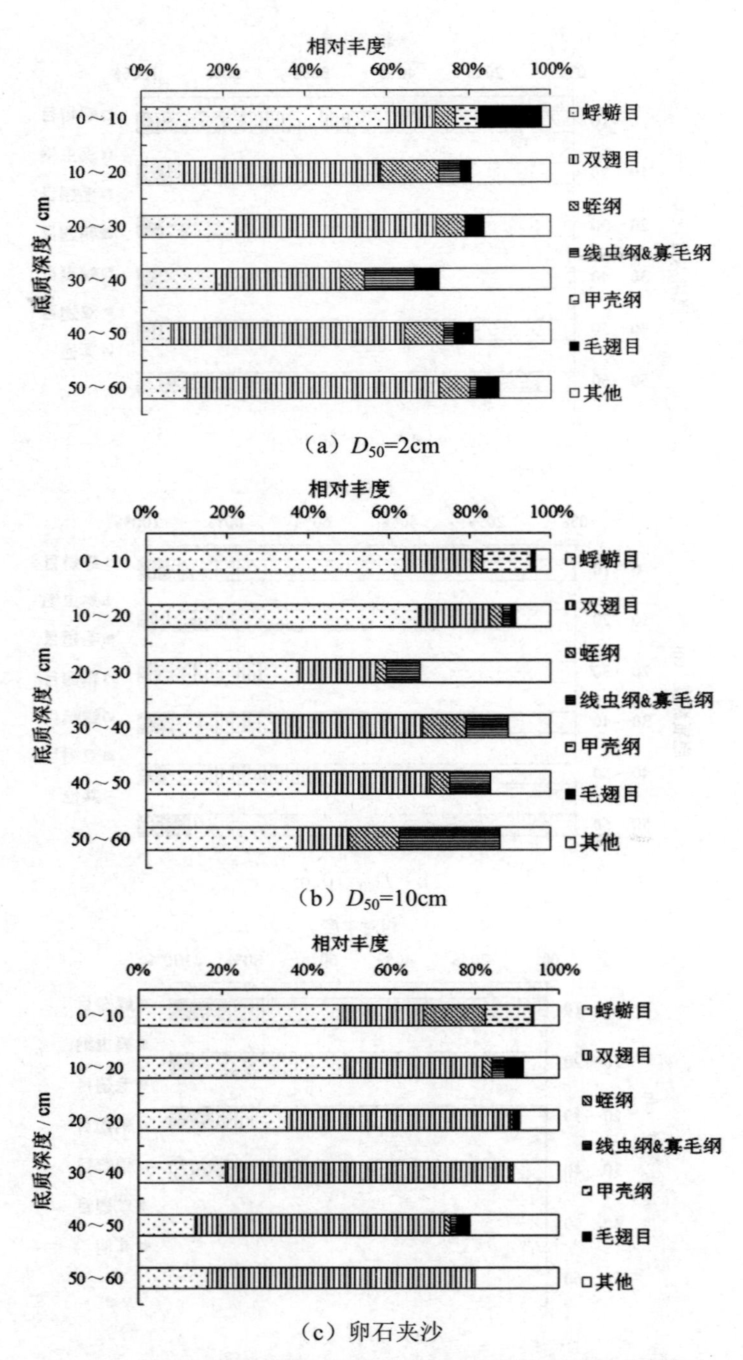

（a）D_{50}=2cm

（b）D_{50}=10cm

（c）卵石夹沙

图 3.12　碧山河底栖动物不同种类相对丰度沿底质垂向的变化

图 3.13 给出了拒马河底栖动物主要种类生物量沿底质垂向的变化。3 种工况下底栖动物生物量的变化规律不一致：D_{50}=2cm 底质中，生物量最大值出现在 30～40cm 深度；D_{50}=10cm 底质中，生物量最大值出现在 40～50cm 深度；卵石夹沙底质中，生物量最大值出现在表层 0～10cm 深度。

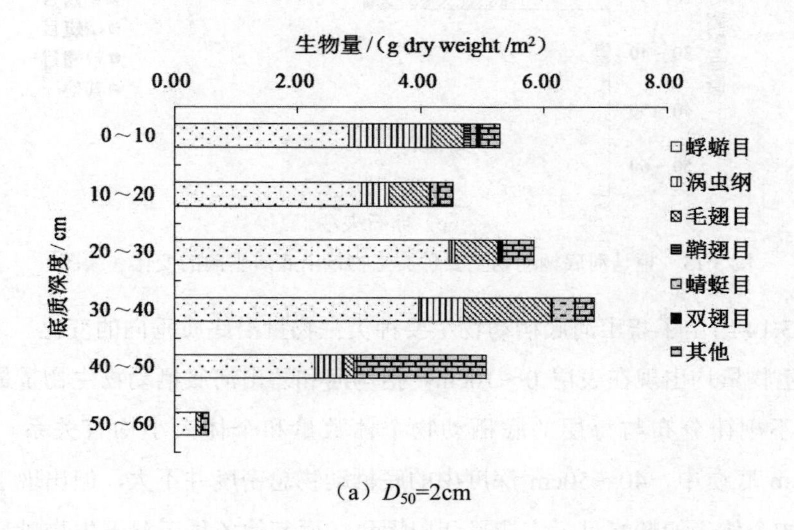

（a）D_{50}=2cm

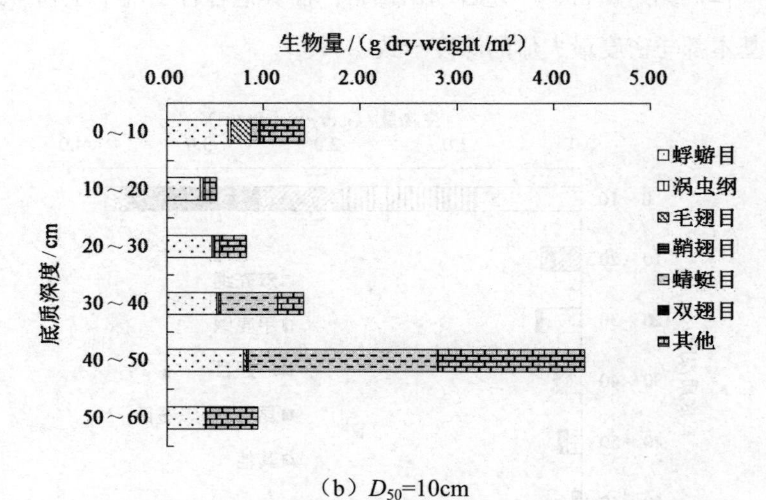

（b）D_{50}=10cm

图 3.13 拒马河底栖动物主要种类生物量沿底质垂向的变化

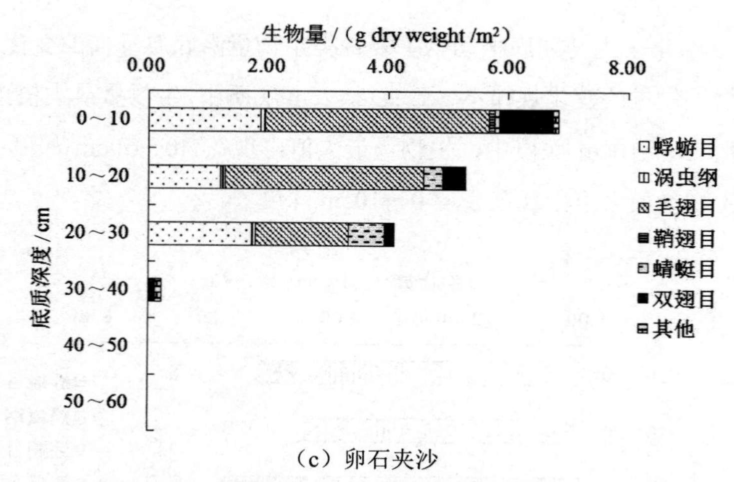

（c）卵石夹沙

图 3.13 拒马河底栖动物主要种类生物量沿底质垂向的变化（续图）

图 3.14 给出了碧山河底栖动物主要种类生物量沿底质垂向的变化。碧山河地区最大生物量均出现在表层 0～10cm。拒马河和碧山河底栖动物生物量最大值出现这种不规律分布与每层的底栖动物个体数量和个体大小均有关系。拒马河 D_{50}=10cm 底质中，40～50cm 深度中的底栖动物总密度并不大，但出现了生物量大的生物个体，如蜻蜓目、广翅目和田螺科；而其他各种工况下生物量最大值的底质深度基本都与密度最大值的深度一致。

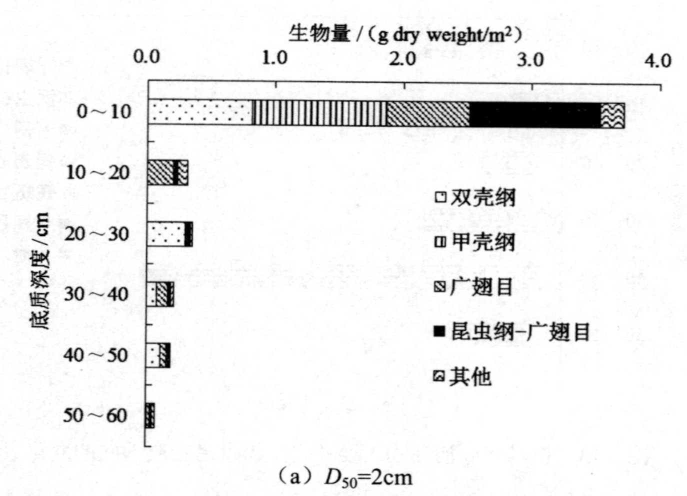

（a）D_{50}=2cm

图 3.14 碧山河底栖动物主要种类生物量沿底质垂向的变化

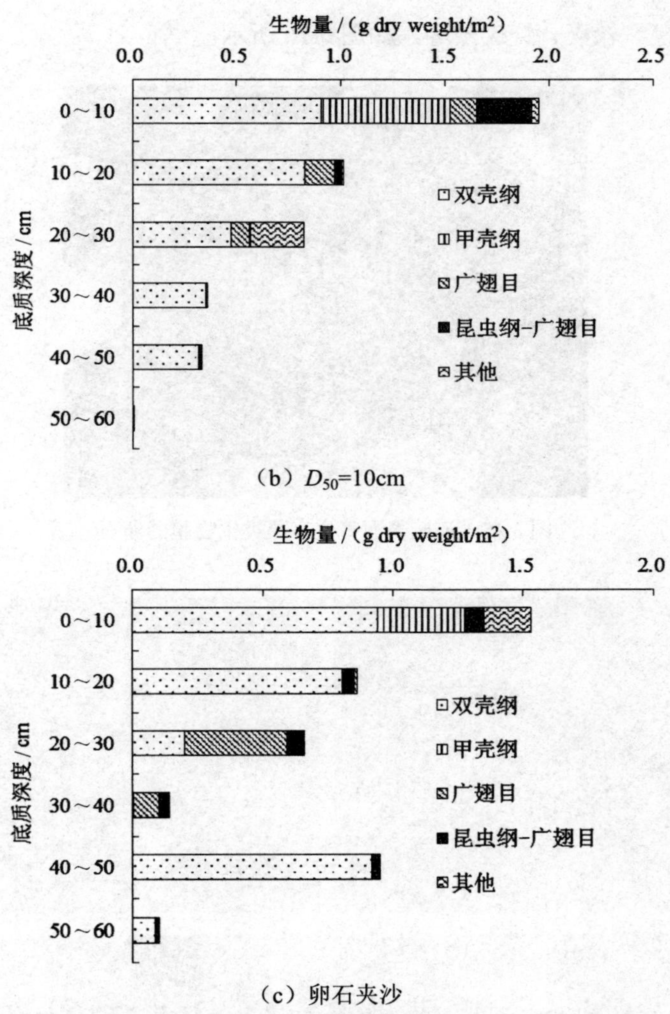

图 3.14　碧山河底栖动物主要种类生物量沿底质垂向的变化（续图）

3.1.3　藻类生物膜对底栖动物的影响

通过对比中值粒径相同（D_{50}=10cm）的着生有藻类生物膜的卵石和无藻类着生的卵石底质中的底栖动物群落特征，来说明藻类生物膜对底栖动物的影响。有藻类生物膜的卵石取自河床表层，其表面覆盖了一层藻类植物（图 3.15）。将其带回实验室测量鉴定发现，藻类生物膜的平均厚度为 0.64mm，其上的植物组成包括鞘丝藻、硅藻、轮藻、饶氏藻等，如图 3.16 所示。

图 3.15　河床表面着生有藻类生物膜的卵石

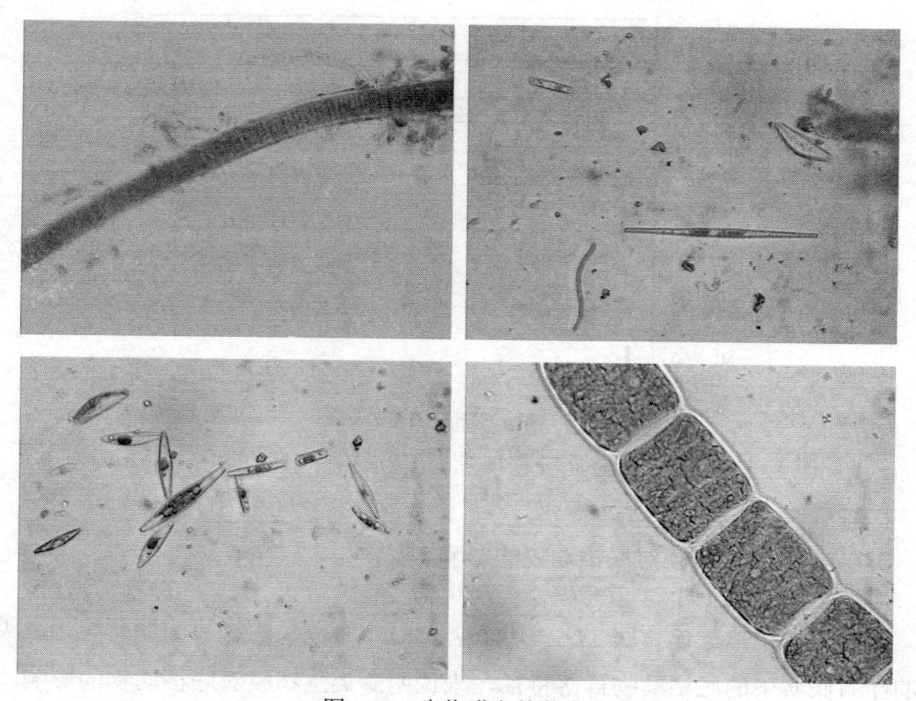

图 3.16　生物膜上的藻类

图 3.17 给出了 2 种工况下底栖动物多样性沿底质垂向的变化，随着深度的增

加，2 种底质的底栖动物多样性均呈减小趋势。在 0～40cm 深度，有藻类生物膜卵石底质的底栖动物多样性要高于无藻类卵石底质，在 40cm 以上深度则低于无藻类卵石底质。

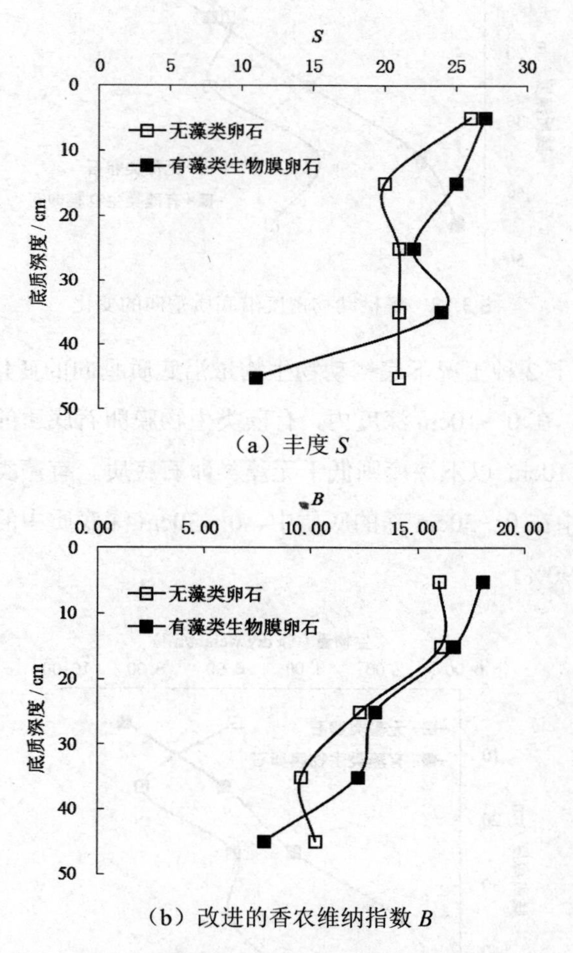

（a）丰度 S

（b）改进的香农维纳指数 B

图 3.17 底栖动物多样性沿底质垂向的变化

图 3.18 给出了 2 种工况下底栖动物密度沿底质垂向的变化，随着深度的增加，底栖动物密度呈减小趋势，有藻类生物膜卵石底质减小速率更快。在 0～20cm 深度内，有藻类生物膜卵石底质的底栖动物密度高于无藻类卵石底质，在 20cm 以下深度则低于无藻类卵石底质。

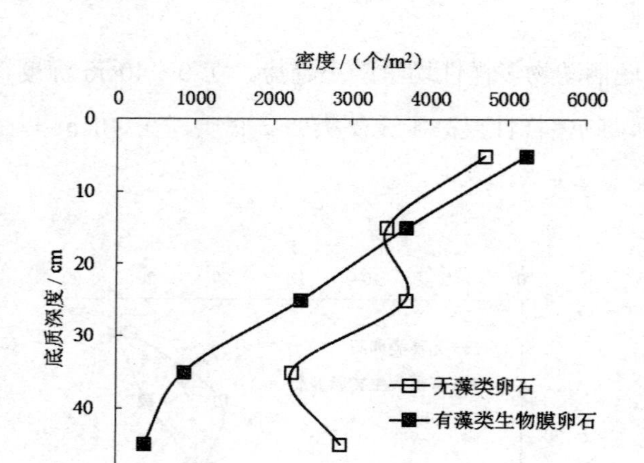

图 3.18　底栖动物密度沿底质垂向的变化

图 3.19 给出了 2 种工况下底栖动物生物量沿底质垂向的变化，生物量的变化规律与密度相似，在 0～10cm 深度内，有藻类生物膜卵石底质的生物量高于无藻类卵石底质，在 10cm 以下深度则低于无藻类卵石底质。有藻类生物膜卵石底质的生物量主要集中在 0～30cm 深的底质中，0～30cm 深底质中的生物量占总生物量的比例超过了 90%。

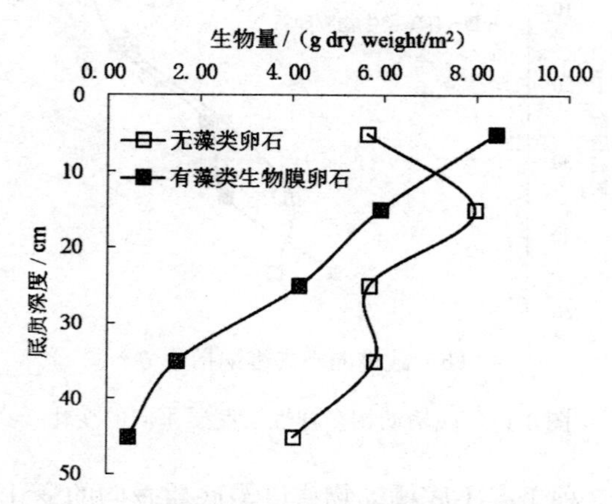

图 3.19　底栖动物生物量沿底质垂向的变化

图 3.20 给出了 2 种工况下底栖动物不同种类相对丰度沿底质垂向的变化，蜉蝣目、涡虫纲和毛翅目为优势类群，他们的相对丰度之和超过了 75%。有藻类生

物膜卵石底质的毛翅目相对丰度均超过同层无藻类卵石底质。

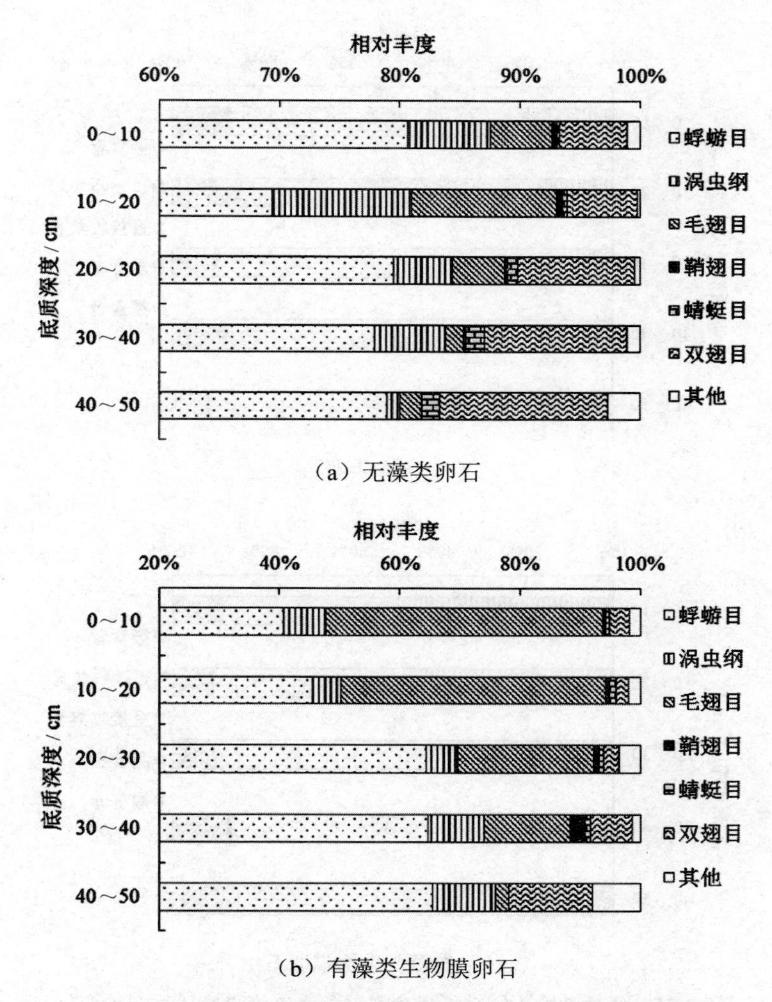

（a）无藻类卵石

（b）有藻类生物膜卵石

图 3.20 底栖动物不同种类相对丰度沿底质垂向的变化

图 3.21 给出了 2 种工况下底栖动物不同功能摄食类群相对丰度沿底质垂向的变化，收集者是优势类群，相对丰度超过了 60%，捕食者其次，撕食者和刮食者最低。收集者又分为过滤收集者和直接收集者，过滤收集者在有藻类生物膜卵石中的比例更高，其中 0～20cm 深度尤为明显。这主要是由于过滤收集者以悬浮藻类和有机碎屑为食，而藻类生物膜卵石上附着有一些浮游藻类，这些藻类能够进

行再繁殖，为过滤收集者提供了食物来源。

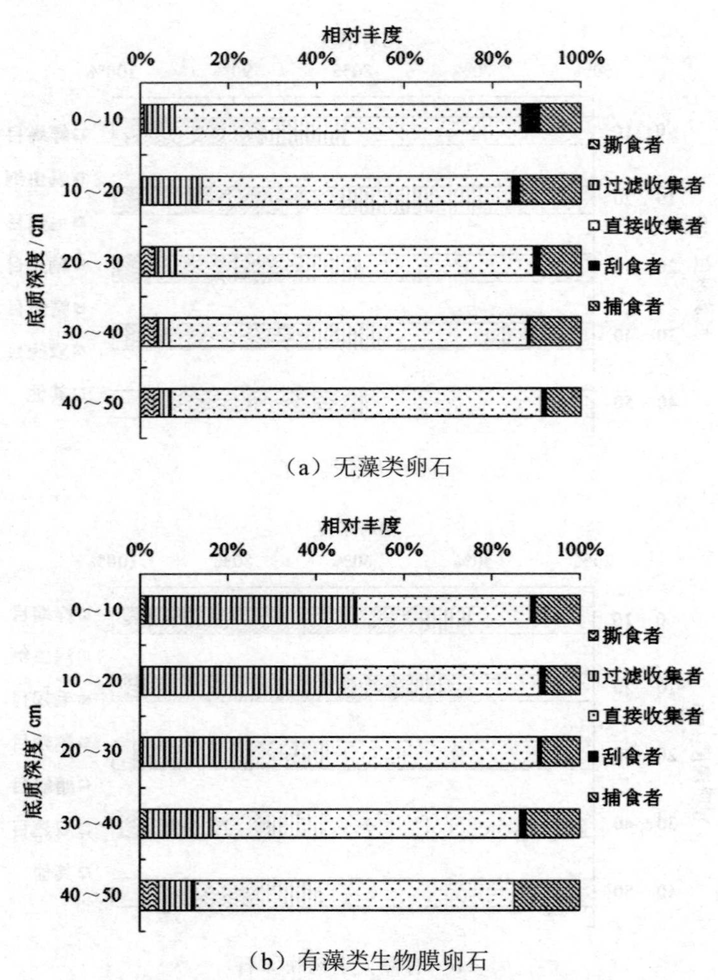

（a）无藻类卵石

（b）有藻类生物膜卵石

图 3.21 底栖动物不同功能摄食类群相对丰度沿底质垂向的变化

综上所述，在有藻类生物膜卵石和无藻类卵石底质中，底栖动物的多样性、密度、生物量、各种类相对丰度、各功能摄食类群相对丰度分布均存在差异，这些差异是由藻类生物膜卵石底质上层生物膜的生长和下层生物膜的腐烂共同作用引起的。当有藻类生物膜卵石底质和无藻类卵石底质刚放置进河床时，有藻类生物膜卵石底质就能为底栖动物提供较为丰富的食物来源，并且藻类的光合作用也释放氧气，增加了水体的溶解氧浓度，而无藻类卵石底质只能依靠附近水流带来的食物作为底栖动物的食物来源；随着时间的延长，有藻类生物膜卵石上层的生物膜继续增长，无藻类卵石底质表层也开始逐渐生长生物膜，而有藻类生物膜卵石底质的下层由于缺少光线，原有的生物膜逐渐腐烂脱落（图 3.22），生物膜的腐烂脱落会引起下层水环境的变化，如溶解氧浓度的降低。这些变化共同作用造成了 2 种底质底栖动物栖息环境的差异，从而引起底栖动物群落差异。

图 3.22　底质深处卵石表面藻类生物膜腐烂

3.1.4　讨论

1．底栖动物生活层厚度

D_{50}=2cm 卵石、D_{50}=10cm 卵石和卵石夹沙 3 种工况下，拒马河地区底栖动物的生活层厚度分别是 58cm、60cm 和 40cm。拒马河 3 种工况的对比发现，底质的粒径组成，尤其是细颗粒物质的含量，对底栖动物在潜流层中的生活厚度有很大影响。微栖息地、溶解氧浓度以及食物是影响河床上底栖动物沿深度分布的主要因素（Brunke and Gonser，1997；Strayer et al.，1997；Boulton et al.，2010），细颗粒物质的含量主要影响了营养物质和溶解氧沿底质深度的扩散（Xu et al.，2012）。卵石夹沙底质中，细沙含量多，孔隙率低，这不利于营养物质和溶解氧向下的扩散，因此底栖动物生活层厚度比较小。而 D_{50}=2cm 和 D_{50}=10cm 是比较均匀的卵石，颗粒之间孔隙大，底栖动物生活层厚度也大。

河流的潜流层被看做是底栖动物躲避不利条件（如洪水、干旱）的避难场所

（Stubbington et al.，2009；Robertson and Wood，2010）。河流中的干扰因素会引起底栖动物向深处迁移：Marchant（1995）研究认为，冬季和春季流量增加可能是引起底栖动物向底质深处迁移的原因；Adkins and Winterbourn（1999）研究表明，有鱼类（捕食底栖动物）存在时，会导致底栖动物向底质深处迁移。碧山河位于惠州地区，雨季为每年4～9月，期间降雨充沛，河流流量波动频繁，流量增加会引起河流底部剪切力增加，造成底栖动物栖息地的不稳定，从而引起底栖动物向河床深处迁移。因此碧山河地区底栖动物的生活层厚度要大于拒马河地区。

2. 影响潜流层底栖动物分布的因素

研究结果表明，对于同一种河床底质，随着底质深度的增加，底栖动物多样性和密度呈减小趋势。微栖息地、溶解氧浓度以及食物是影响河床上底栖动物沿深度分布的主要因素（Brunke and Gonser，1997；Strayer et al.，1997；Boulton et al.，2010）。由于垂向上底质相同，因此，本试验中微栖息地不是影响底栖动物垂向分布的主导因素，而溶解氧浓度和食物丰富度可能是影响垂向上底栖动物分布的主要原因。试验中对垂向上各层的溶解氧浓度进行了测量，测量结果表明，各层溶解氧浓度均高于5.5mg/L，高于大部分底栖动物生存需氧量的胁迫范围（Xu et al.，2012），但是，几种工况下，潜流层表层的溶解氧浓度均高于潜流层深层的溶解氧浓度。另外，有机物颗粒等食物由潜流层表层向深层扩散的过程中，沿程发生消耗，可能导致深层的食物比较少。表层溶解氧和食物来源充足的环境更适合底栖动物生存，而随河床深度增加，溶解氧和食物衰减，因此会出现底栖动物多样性和密度沿深度减小的趋势。

3.1.5 小结

潜流层不仅为底栖动物提供了生存空间，也是底栖动物应对外界不利条件的避难场所。本节通过更换河床底质研究了不同床沙下底栖动物在潜流层的分布特征，并且研究了藻类生物膜对底栖动物在潜流层分布的影响。

通过研究我国南方和北方2条河流潜流层底栖动物的分布，得出结果：对于卵石河床，在夏季底栖动物对新生栖息地达到稳定入迁至少需要4～6周，底栖动物在床面下的栖息深度大于40cm。随着底质深度的增加，底栖动物多样性和密度呈减小趋势。在表层0～10cm深度内，底栖动物密度与底质组成有关，密度大小依次为D_{50}=2cm卵石>D_{50}=10cm卵石>卵石夹沙。卵石夹沙底质中双翅目的相对丰度高于D_{50}=2cm卵石和D_{50}=10cm卵石的双翅目相对丰度。

对于中值粒径相同的着生有藻类生物膜的卵石底质和无藻类着生的卵石底质，上层底质中的底栖动物多样性、密度和生物量大小为有藻类生物膜卵石>无藻类卵石，下层的则刚好相反。另外，有藻类生物膜卵石底质中的毛翅目和过滤收集者的相对丰度要高于同深度的无藻类卵石底质。这主要是由于有藻类生物膜卵石底质上层生物膜的生长和下层生物膜的腐烂，引起食物来源和溶解氧的差异，造成2种底质潜流层底栖动物群落分布差异明显。

3.2 河流泥沙对底栖动物的影响

西双版纳位于云南的南端，土地面积近2万平方公里，是国际上重要的生物多样性保护的热点地区之一。纳板河位于西双版纳州，自北向南穿过纳板河自然保护区中部，流入澜沧江，是保护区内的一条主要河流。研究该河流的生态现状对于保障生态安全，实现资源可持续开发利用具有重要的意义。

自20世纪60年代起，由于经济发展的需要，中国在西双版纳地区进行了大规模的橡胶种植。截至2007年，橡胶林种植面积与有林地面积的比例已经达到了27.06%，成为西双版纳地区的主要林型（李增加 等，2008）。橡胶种植改变了热带雨林系统，这种土地利用方式的改变导致了原有生态系统服务功能的丧失，如营养的循环、侵蚀的控制等（Hu et al.，2008）。以往关于西双版纳地区橡胶林的研究主要集中在土地利用变化以及对热带雨林的影响等（Li et al.，2007；Li et al.，2008），针对水生生态系统的报道甚少。

橡胶林涵养水分能力低，并且林间空隙大，加快了水分的流失，因此，造成了西双版纳地区河流流量降低（Qiu，2009）；橡胶林下植被结构简单，侵蚀力大（张一平 等，2006），土壤侵蚀增加，进入河流的泥沙量也增加；另外，橡胶林种植所施的化肥和农药随着雨水冲刷进入河流中，也会造成河流的污染。这些环境的变化对水生态系统的影响尚不明确。本节采用大型底栖无脊椎动物作为水生态指示物种，以纳板河为研究河流，比较了不同橡胶林种植强度的河段中底栖动物群落的差异，揭示了橡胶林种植对河流水生态的影响，为西双版纳地区河流的科学管理和生态保护提供指导。

3.2.1 研究区域及方法

纳板河自然保护区（22°04′N～22°17′N，100°32′E～100°44′E）位于云南省西双版纳傣族自治州境内，距州府景洪市 25km，面积为 266km^2，地势西北高，东南低，最高海拔为2304m，最低海拔为539m，自然环境复杂。该区域属于热带雨林气候，年平均气温为 18～22℃，年降雨量为 1100～1600mm，雨热同季（鲍雅静 等，2008）。纳板河自北向南穿过纳板河自然保护区中部，流入澜沧江，是保护区内的一条主要河流。

2012 年 10 月，对纳板河主流及其支流糯有河共 7 个断面进行了野外测量和底栖动物采样（图 3.23）。其中，采样点 S1 和 S2 位于支流糯有河上，采样点 S3～S7 位于主流纳板河上。采样点海拔在 600～800m 之间，各采样点环境要素见表 3.4。表中橡胶林种植强度为控制流域内橡胶林种植面积比例。

表 3.4　各采样点的环境参数

采样点	海拔 H/m	河宽 B/m	底质中值粒径 D_{50}/mm	水深 h/cm	流速 V/(m·s^{-1})	水温 T/℃	河水透明度 h_{SD}/m	橡胶林种植强度
糯有河 S1	759	5.1	80	16～22	0.5～0.8	19.4	0.71	1.4%
糯有河 S2	710	4.0	130	8～30	0.5～1.1	19.5	0.72	2.8%
纳板河 S3	755	7.3	100	6～15	0.4～0.8	19.2	0.70	4.7%
纳板河 S4	720	5.7	70	10～30	0.8～1.3	23.7	0.60	6.9%
纳板河 S5	699	6.5	100	10～15	0.7～1.1	23.7	0.58	5.6%
纳板河 S6	649	8.0	60	8～20	0.5～0.9	21.3	0.57	9.9%
纳板河 S7	626	5.0	60	8～15	0.3～0.5	22.8	0.29	14.7%

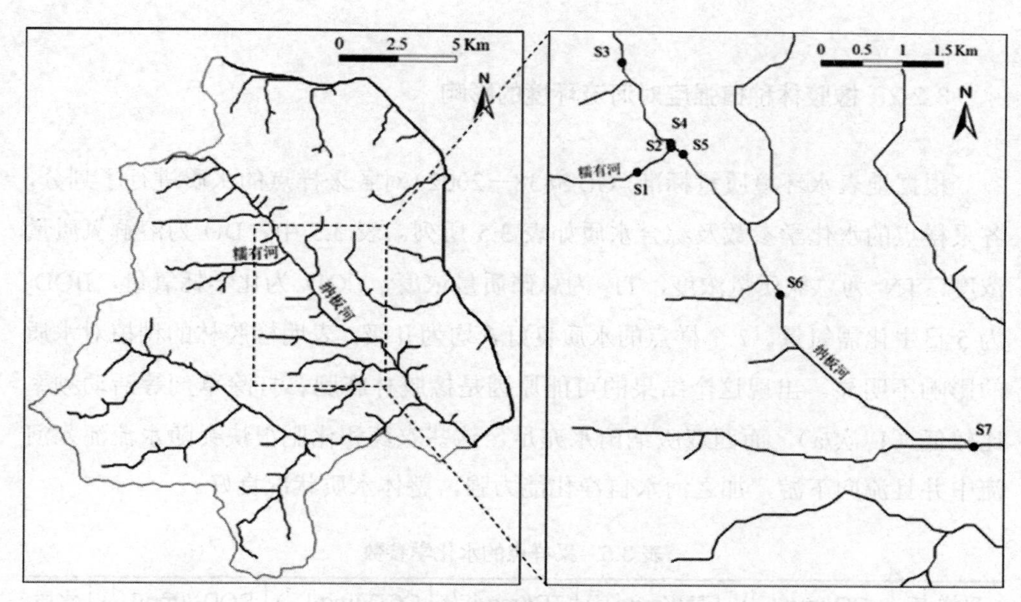

图 3.23　研究区域及采样点

溶解氧采用 HACH HQd-40 便携式手持溶氧仪现场测定。在采样点的表、底层取混合水样，带回室内分析水质。总氮（TN）的测定方法是碱性过硫酸钾消解紫外分光光度法（GB 11894—89），总磷（TP）的测定方法是钼氨酸紫外分光光度法（GB 11893—89），化学耗氧量（COD）的测定方法是高锰酸钾法，5 日生化需氧量（BOD_5）的测定方法是稀释接种法（GB 3838—2002）。

在各样点，用孔径为 420 μm 的踢网（面积 1m×1m）采集河床底质中的底栖动物样本。采样时，在各断面选取 3 个代表性生境，每处采样面积为 $1/3m^2$，总采样面积为 $1m^2$。底质泥沙经筛洗后装入密封袋，带回实验室分拣动物标本，将分拣出的底栖动物样本放进样本瓶内，加入 75%的酒精溶液进行固定，随后在显微镜下进行分类、计数。底栖动物功能摄食类群划分标准参照有关资料（Barbour et al., 1999；段学花 等，2010）。

采用物种丰度 *S*、改进香农维纳指数 *B*、EPT 物种丰富度指数对底栖动物多样性进行评价。

3.2.2 橡胶林种植强度对河流环境的影响

根据地表水环境质量标准（GB 3838—2002）对各采样点的水质进行了划分，各采样点的水化学参数及综合水质如表 3.5 所列。表 3.5 中，DO 为溶解氧质量浓度，TN 为总氮质量浓度，TP 为总磷质量浓度，COD 为化学耗氧量，BOD_5 为 5 日生化需氧量。7 个样点的水质良好，均为Ⅱ级，表明橡胶林的种植对水质的影响不明显。出现这个结果的可能原因是橡胶林施肥、打除草剂等活动频率比较低（1 次/a），而西双版纳雨水充足，这些农药和化肥很快会随水流流入河流中并且流向下游，加之河水自净化能力强，整体水质状况良好。

表 3.5 采样点的水化学参数

采样点	DO/(mg·L^{-1})	TN/(mg·L^{-1})	TP/(mg·L^{-1})	COD/(mg·L^{-1})	BOD_5/(mg·L^{-1})	水质
S1	8.37	0.22	0.033	1.55	2.2	Ⅱ级
S2	8.50	0.23	0.041	1.78	—	Ⅱ级
S3	8.54	0.17	0.035	1.75	—	Ⅱ级
S4	7.87	0.18	0.039	2.19	2.9	Ⅱ级
S5	7.85	0.21	0.029	2.03	—	Ⅱ级
S6	7.78	0.22	0.031	2.16	—	Ⅱ级
S7	7.96	0.27	0.045	1.36	—	Ⅱ级

3.2.3 橡胶林种植强度对底栖动物的影响

1. 底栖动物及河流生态

表 3.6 给出了纳板河底栖动物种类名录，7 个采样点共采集到底栖动物 84 种，隶属于 49 科 77 属，纳板河底栖动物以水生昆虫为主，有 77 种，占总种数的 91.6%。在物种组成上，7 个点出现较多喜流水物种，如四节蜉科、扁蜉科、鱼蛉科等山区河流典型物种。

表 3.6 纳板河底栖动物种类名录

门	科	种（属）数						
		S1	S2	S3	S4	S5	S6	S7
扁形动物	涡虫纲一科	ud	0	0	0	ud	0	0
线虫动物	线虫纲一科	0	0	0	0	0	0	ud
环节动物	石蛭科	0	0	0	1	0	0	0
	仙女虫科	1	0	0	0	0	0	0
软体动物	瓶螺科	0	0	1	0	0	0	0
	田螺科	0	0	0	1	0	0	0
节肢动物	螨形目一科	ud	ud	ud	ud	0	0	0
	四节蜉科	2	2	3	2	3	3	2
	扁蜉科	3	2	1	1	2	2	2
	细裳蜉科	3	2	2	1	2	1	0
	河花蜉科	2	0	1	0	0	0	0
	小蜉科	1	1	1	0	1	0	0
	新蜉科	0	2	1	0	0	0	2
	细蜉科	0	0	0	0	0	1	0
	大蜓科	1	0	0	0	0	0	0
	箭蜓科	1	1	0	0	0	0	0
	扇蟌科	0	0	0	1	0	0	0
	泥甲科	(1)	(1)	(1)	(1)	0	(1)	0
	长角泥甲科	1	2	1	1	0	1	1
	扁泥甲科	ud	0	0	ud	0	ud	0
	龙虱科	0	(1)	0	0	(1)	0	0
	沼甲科	0	(1)	0	0	0	0	0
	水龟甲科	ud	0	ud	0	0	0	ud
	豉甲科	0	0	(1)	0	0	0	0
	象甲科	0	0	(1)	0	0	(1)	0
	隐翅虫科	0	ud	0	0	0	0	0
	鱼蛉科	ud	ud	ud	ud	ud	ud	ud
	潜水蝽科	1	1	1	1	1	1	0
	宽肩蝽科	1	1	0	1	1	1	0

续表

门	科	种（属）数						
		S1	S2	S3	S4	S5	S6	S7
节肢动物	毛蟌科	0	0	1	0	0	0	0
	水蟌科	1	0	0	0	0	0	0
	石蝇科	1	1	0	0	1	2	0
	网襀科	1	0	0	0	0	0	0
	螟蛾科	1	1	0	1	0	0	0
	管石蛾科	1	1	1	0	0	0	0
	纹石蛾科	4	1	2	3	2	2	3
	长角石蛾科	1	0	0	0	0	0	0
	舌石蛾科	1	0	0	0	0	0	0
	齿角石蛾科	0	1	0	1	0	0	0
	角石蛾科	0	0	0	1	1	0	0
	小石蛾科	0	0	0	0	1	0	0
	蚋科	1	1	1	1	1	1	0
	蝇科	0	0	0	1	0	0	0
	舞虻科	0	0	1	0	0	0	0
	蠓科	0	0	0	0	0	0	1
	毛蠓科	1	0	0	0	0	0	0
	网纹科	1	1	0	1	1	1	0
	大蚊科	1	2	1	2	2	1	1
	摇蚊科	(4)	(3)	(5)	(3)	(3)	(5)	(6)

注：ud 表示没有鉴定到属或种，括号内是属数。

2. 采样点分类及多样性

图 3.24 给出了 7 个采样点的 DCA 排序图，这 7 个点明显被分为 3 组：第一组（S1、S2、S3），第二组（S4、S5、S6），第三组（S7），表明这 3 组的底栖动物群落结构存在差异。对于第一组，S1 和 S2 位于支流糯有河，S3 位于主流靠上游，3 个点控制面积内橡胶林种植面积比例为 1.4%～4.7%，河水透明度高；第二组 S4、S5 和 S6 位于中游，控制面积内橡胶林种植面积比例为 5.6%～9.9%，河水透明度较高；而第三组 S7 靠近下游，控制面积内橡胶林种植面积比例为 14.7%，

该点水质浑浊，河水透明度最低（表 3.4）。可见，从第一组样点到第三组样点控制面积内的橡胶林种植强度逐渐增加，底栖动物组成能很好地反映样点的环境状况，环境条件相似的样点中，底栖动物组成也相似。

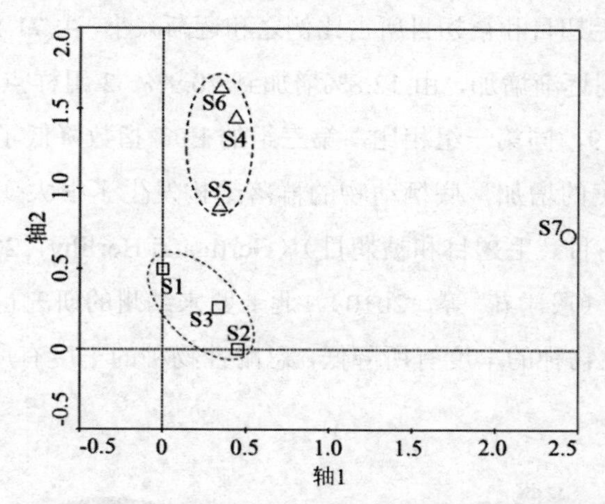

图 3.24 各采样点的除趋势对应分析（DCA）排序图

表 3.7 给出了各采样点底栖动物的密度（*D*）和多样性指数（*S*、*B*），以及每组的平均密度（$\overline{D}$）和平均多样性指数（$\overline{S}$、$\overline{B}$）。7 个点之间的密度差别很大，密度最高为 650 个/m^2，最低为 68 个/m^2。至于 *S* 和 *B* 这两个多样性指数，S1 点均为最高，S7 点的均最低；而且，第一组（S1、S2、S3）的多样性指数基本都高于第二组（S4、S5、S6），第二组的多样性指数都高于第三组（S7）。

表 3.7 各采样点密度和多样性指数

采样点	*D*/(个·m^{-2})	*S*	*B*	$\overline{D}$/(个·m^{-2})	$\overline{S}$	$\overline{B}$
S1	121	42	15.95	130	35	14.28
S2	166	32	13.78			
S3	104	30	13.11			
S4	365	28	13.43	183	26	12.73
S5	117	25	12.08			
S6	68	26	12.68			
S7	650	21	10.51	650	21	10.51

3. 种类组成和功能摄食类群组成

图 3.25 分别给出了上述 3 组样点中底栖动物各种类的密度组成，随着橡胶林种植强度的不同，3 组样点中的底栖动物组成差异显著。随着橡胶林种植强度的增加，蜉蝣目、毛翅目和襀翅目所占比例之和逐渐减小，由 71.1%减少到 28.3%；而双翅目的比例则逐渐增加，由 12.8%增加到 70.9%。3 组样点的平均 EPT 指数分别为 15、11 和 9，同第一组相比，第三组的 EPT 指数降低了 40%。可见，随着橡胶林种植强度的增加，底栖动物的群落结构发生了很大变化，优势物种由敏感性物种（蜉蝣目、毛翅目和襀翅目）（Gerth and Herlihy，2006）演变为忍耐性物种（双翅目）（段学花 等，2010）。北卡罗来纳州的研究也表明，受人类活动的影响，敏感性物种的丰度有所降低，忍耐性物种的丰度有所提高（Lenat and Crawford，1994）。

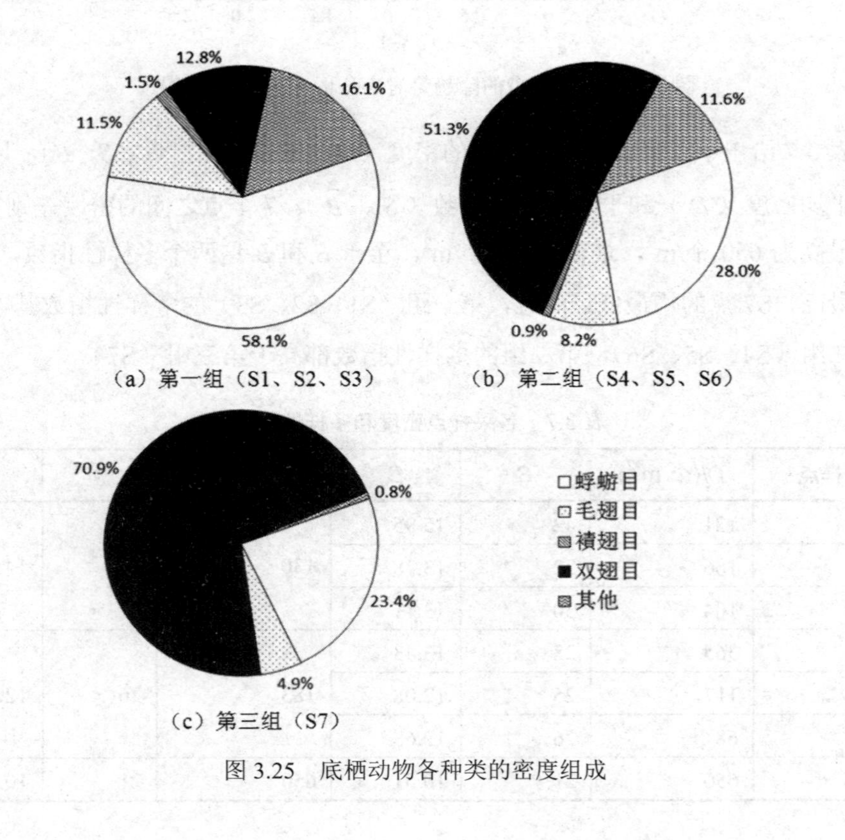

图 3.25　底栖动物各种类的密度组成

按功能摄食类群将底栖动物划分为5类，即撕食者、过滤收集者、直接收集者、刮食者和捕食者。图3.26给出了3组样点底栖动物各功能摄食类群的密度组成。3组样点的底栖动物功能摄食类群组成有一些共有的特征，收集者（过滤收集者和直接收集者）所占比例最高，均超过了65%。这与纳板河流域森林密布，植被覆盖率高有关，大量的植物碎屑和藻类为收集者提供了丰富的食物来源。撕食者以粗有机颗粒为食，尽管食物来源也很充足，但是撕食者所占的比例则很少，均低于25.8%，这同拥有同样气候的香港地区的一些河流研究结果类似（Li and Dudgeon，2008）。

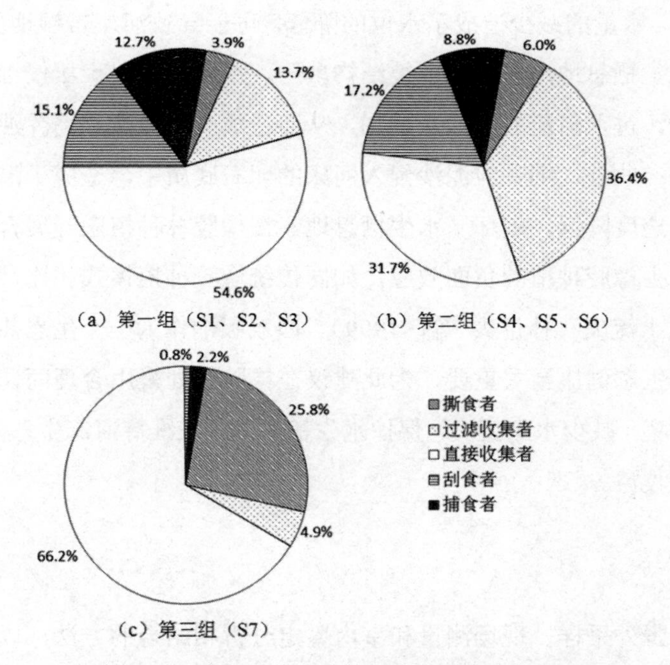

图3.26 底栖动物各功能摄食类群的密度组成

三组样点的底栖动物功能摄食类群组成也有差异，橡胶林种植对撕食者和捕食者的影响比较明显，随着橡胶林种植强度的增加，撕食者的比例逐渐增加，捕食者的比例逐渐减小。捕食者以其他物种为食，所以捕食者需要更长时间达到栖息稳定（Xu et al.，2012）。稳定性高的栖息环境有利于捕食者的生长，而高强度的橡胶林种植引起的环境改变可能会导致底栖动物栖息地的不稳定，因此，捕食者的变化可能是由于不同栖息地的稳定性。第三组样点的刮食者所占比例极低，仅有 0.8%，这可能与第三组样点的水质浑浊，含沙量高有关。水中的悬浮泥沙颗粒及其落淤会破坏着生藻类的细胞壁，影响藻类的生长，进而影响刮食者的食物来源（Matthaei et al.，2003；Allan and Castillo，2007）。

3.2.4 河流综合管理

研究表明，橡胶林种植对纳板河水质的影响不明显，但是随着橡胶林种植强度的增加，河流的生态状况呈递减趋势。橡胶林的种植引起了了河流流量下降（Qiu，2009），水量的减少造成了水位的降低，可能导致河岸带湿地面积的减少，从而影响到水生栖息地；橡胶林植被结构单一，层次较少，土壤侵蚀量大。由于土壤侵蚀增加，进入河流的泥沙量增加，从而造成高产沙量和高浑浊度，也影响到水生栖息地；此外，细颗粒泥沙侵入河床的卵石底质中，造成了潜流层空隙的嵌入和底质渗透度降低，破坏了水生栖息地。在橡胶林种植园开展合理的间作种植可以部分减少橡胶种植的负面效应，如同传统橡胶种植模式相比，间作种植能减少 1/3 的水土流失（林位夫 等，1999）。西双版纳作为一个生态热点区域，保护该区域的水生态健康至关重要，为此建议在橡胶林处采用合理间作种植模式来增加植被覆盖率，减少水土流失，保护水生栖息地，在维持河流生态健康的同时，也保证了经济收益。

3.2.5 小结

本节采用野外采样、现场测量和室内鉴定分析相结合的方法，以底栖动物为指示生物对纳板河的水生态进行了研究，分析了橡胶林种植对水生态的影响，得到如下主要结论：

橡胶林种植对纳板河水质的影响不大，调查河段水质级别均为II级，但是大面积橡胶林的种植造成了河流流量的降低，增加了土壤侵蚀，这些均对水生栖息地产生了影响，从而影响了底栖动物群落。

随着橡胶林种植强度的增加，底栖动物的多样性降低，蜉蝣目、毛翅目和襀翅目的比例降低，双翅目的比例增加，优势物种由敏感性物种演变为耐受性物种；随着橡胶林种植强度的增加，底栖动物功能摄食类群也发生变化，撕食者的比例增加，捕食者的比例减小。

参考文献

[1] Adkins S C, Winterbourn M J. Vertical distribution and abundance of invertebrates in two New Zealand stream beds: a freeze coring study. Hydrobiologia, 1999, 400:55-62.

[2] Allan J D, Castillo M M. Stream Ecology: Structure and Function of Running Waters. Dordrecht, The Netherlands: Springer, 2007.

[3] Barbour M T, Gerritsen J, Snyder B, et al. Rapid bioassessment protocols for use in streams and wadeable rivers: periphyton, benthic macroinvertebrates, and fish. 2th ed. Washington: U.S. Environmental Protection Agency, 1999.

[4] Beauger A, Lair N, Reyes-Marchant P, et al. The distribution of macroinvertebrate assemblages in a reach of the River Allier (France), in relation to riverbed characteristics. Hydrobiologia, 2006, 571(1):63-76.

[5] Beisel J N, Usseglio-Polatera P, Thomas S, et al. Stream community structure in relation to spatial variation: the influence of mesohabitat characteristics. Hydrobiologia, 1998, 389(1-3):73-88.

[6] Boulton A J, Datry T, Kasahara T, et al. Ecology and management of the hyporheic zone: stream-groundwater interactions of running waters and their floodplains. Journal of the North American Benthological Society, 2010, 29(1):26-40.

[7] Boulton A J, Scarsbrook M R, Quinn J M, et al. Land-use effects on the hyporheic ecology of five small streams near Hamilton, New Zealand. New Zealand journal of marine and freshwater research, 1997, 31(5):609-622.

[8] Bretschko G. Differentiation between epigeic and hypogeic fauna in gravel streams. Regulated Rivers: Research & Management, 1992, 7(1):17-22.

[9] Brunke M, Gonser T. The ecological significance of exchange processes between rivers and groundwater. Freshwater Biology, 1997, 37(1): 1-33.

[10] Collier K J, Ilcock R J, Meredith A S. Influence of substrate type and physico-chemical conditions on macroinvertebrate faunas and biotic indices of some lowland Waikato, New Zealand, streams. New Zealand journal of marine and freshwater research, 1998, 32(1):1-19.

[11] Duan X H, Wang Z Y, Xu M Z, et al. Effect of streambed sediment on benthic ecology.

International Journal of Sediment Research, 2009, 24(3):325-338.

[12] Edwards R T. The hyporheic zone. In: Naiman R J, Bilby R E. River Ecology and Management. Springer, 1998: 399-429.

[13] Erman D C, Erman N A, 1984. The response of stream macroinvertebrates to substrate size and heterogeneity. Hydrobiologia, 108(1):75-82.

[14] Evans L, Norris R. Prediction of benthic macroinvertebrate composition using microhabitat characteristics derived from stereo photography. Freshwater Biology, 1997, 37(3):621-633.

[15] Franken R J, Storey R G, Williams D D. Biological, chemical and physical characteristics of downwelling and upwelling zones in the hyporheic zone of a north-temperate stream. Hydrobiologia, 2001, 444:183-195.

[16] Gerth W J, Herlihy A T. Effect of sampling different habitat types in regional macroinvertebrate bioassessment surveys. Journal of the North American Benthological Society, 2006, 25(2):501-512.

[17] Godbout L, Hynes H. The three dimensional distribution of the fauna in a single riffle in a stream in Ontario. Hydrobiologia, 1982, 97(1):87-96.

[18] Hester E T, Gooseff M N. Moving beyond the banks: hyporheic restoration is fundamental to restoring ecological services and functions of streams. Environmental Science & Technology, 2010, 44(5):1521-5.

[19] Hu H, Liu W, Cao M. Impact of land use and land cover changes on ecosystem services in Menglun, Xishuangbanna, Southwest China. Environmental Monitoring & Assessment, 2008, 146(1-3):147-56.

[20] Lenat D R, Crawford J K. Effects of land use on water quality and aquatic biota of three North Carolina Piedmont streams. Hydrobiologia, 1994, 294(3): 185-199.

[21] Lessard J L, Hayes D B. Effects of elevated water temperature on fish and macroinvertebrate communities below small dams. River Research and Applications, 2003, 19(7):721-732.

[22] Li A O, Dudgeon D. Food resources of shredders and other benthic macroinvertebrates in relation to shading conditions in tropical Hong Kong streams. Freshwater Biology, 2008, 53(10):2011-2025.

[23] Li H M, Aide T M, MA Youxin, et al. Demand for rubber is causing the loss of high diversity rain forest in SW China. Biodiversity and Conservation, 2007, 16(6):1731-1745.

[24] Li H M, Ma Y X, Aide T M, et al. Past, present and future land-use in Xishuangbanna, China and the implications for carbon dynamics. Forest Ecology and Management, 2008, 255(1):16-24.

[25] Marchant R. Seasonal variation in the vertical distribution of hyporheic invertebrates in an Australian upland river. Archiv für Hydrobiologie, 1995, 134(4):441-457.

[26] Maridet L, Wasson J G, Philippe M. Vertical distribution of fauna in the bed sediment of three running water sites: influence of physical and trophic factors. Regulated Rivers: Research & Management, 1992, 7(1):45-55.

[27] Matthaei C D, Guggelberger C, Huber H. Local disturbance history affects patchiness of benthic river algae. Freshwater Biology, 2003, 48(9):1514-1526.

[28] O'connor NA. The effects of habitat complexity on the macroinvertebrates colonising wood substrates in a lowland stream. Oecologia, 1991, 85(4):504-512.

[29] Olsen D A, Townsend C R. Hyporheic community composition in a gravel-bed stream: influence of vertical hydrological exchange, sediment structure and physicochemistry. Freshwater Biology, 2003, 48(8):1363-1378.

[30] Omesová M, Helešic J. Vertical distribution of invertebrates in bed sediments of a gravel stream in the Czech Republic. International review of hydrobiology, 2007, 92(4-5):480-490.

[31] Palmer M A. Experimentation in the hyporheic zone: challenges and prospectus. Journal of the North American Benthological Society, 1993, 12(1):84-93.

[32] Qiu J. Where the rubber meets the garden. Nature, 2009, 457(7227):246.

[33] Richards C, Bacon K L. Influence of fine sediment on macroinvertebrate colonization of surface and hyporheic stream substrates. Western North American Naturalist, 1994, 54(2):106-113.

[34] Robertson A, Wood P. Ecology of the hyporheic zone: origins, current knowledge and future directions. Fundamental & Applied Limnology, 2010, 176(4):279-289.

[35] Schmude K L, Jennings M J, Otis K J, et al. Effects of habitat complexity on macroinvertebrate colonization of artificial substrates in north temperate lakes. Journal of the North American Benthological Society, 1998, 17(1):73-80.

[36] Sponseller R, Benfield E, Valett H. Relationships between land use, spatial scale and stream macroinvertebrate communities. Freshwater Biology, 2001, 46(10):1409-1424.

[37] Strayer D L, May S E, Nielsen P, et al. Oxygen, organic matter, and sediment granulometry as controls on hyporheic animal communities. Archiv für Hydrobiologie, 1997, 140(1):131-144.

[38] Stubbington R, Greenwood A M, Wood P J, et al. The response of perennial and temporary headwater stream invertebrate communities to hydrological extremes. Hydrobiologia, 2009, 630(1):299-312.

[39] Thorne R, Williams P. The response of benthic macroinvertebrates to pollution in developing countries: a multimetric system of bioassessment. Freshwater Biology, 1997, 37(3):671-686.

[40] Timoner X, Acuna V, Von Schiller D, et al. Functional responses of stream biofilms to flow cessation, desiccation and rewetting. Freshwater Biology, 2012, 57(8):1565-1578.

[41] Weigelhofer G, Waringer J. Vertical distribution of benthic macroinvertebrates in riffles versus

deep runs with differing contents of fine sediments (Weidlingbach, Austria). International Review of Hydrobiology, 2003, 88(3-4):304-313.
[42] White D S. Perspectives on defining and delineating hyporheic zones. Journal of the North American Benthological Society, 1993, 12(1):61-69.
[43] Williams D D. Towards a biological and chemical definition of the hyporheic zone in two Canadian rivers. Freshwater Biology, 1989, 22(2):189-208.
[44] Xu M Z, Wang Z Y, Duan X H, et al. Effects of pollution on macroinvertebrates and water quality bio-assessment. Hydrobiologia, 2014, 729(1):247-259.
[45] Xu M Z, Wang Z Y, Pan B Z, et al. Distribution and species composition of macroinvertebrates in the hyporheic zone of bed sediment. International Journal of Sediment Research, 2012, 27(2):129-140.
[46] 鲍雅静，李政海，马云花，等．橡胶种植对纳板河流域热带雨林生态系统的影响．生态环境，2008，17（2）：734-739.
[47] 段学花，王兆印，徐梦珍．底栖动物与河流生态评价．北京：清华大学出版社，2010.
[48] 李增加，马友鑫，李红梅，等．西双版纳土地利用/覆盖变化与地形的关系．植物生态学报，2008，32（5）：1091-1103.
[49] 林位夫，周钟毓，黄守锋．我国胶园间作的回顾与展望．生态学杂志，1999，18（1）：43-52.
[50] 夏继红，林俊强，陈永明，等．国外河流潜流层研究的发展过程及研究方法．水利水电科技进展，2013，33（4）：73-77.
[51] 袁兴中，罗固源．溪流生态系统潜流带生态学研究概述．生态学报，2003，23（5）：956-964.
[52] 张一平，何云玲，杨根灿．滇南热带季节雨林和橡胶林对降雨侵蚀力的减缓效应．生态学杂志，2006，25（7）：731-737.
[53] 张跃伟，袁兴中，刘红，等．溪流潜流层大型无脊椎动物生态学研究进展．应用生态学报，2014，25（11）：3357-3365.

第 4 章　河床稳定性对底栖动物的影响

底栖动物大部分时间生活在河床上，河床底质组成和稳定性是影响其群落的主要环境因素（Hawkins et al.，1982；Beisel et al.，1998）。段学花等（2010）对我国 32 条河流的研究发现，随着底质粒径的增大，底栖动物多样性发生规律性的变化，不同底质上生长的底栖动物类群差别很大。例如，浮泥和沙质底质中底栖动物的多样性很低，这主要与浮泥和沙质河床的不稳定性和密实性有关（段学花等，2010）；而在稳定的卵砾石河床上底栖动物的多样性则很高（Beauger et al.，2006；Duan et al.，2009）。然而，在卵砾石河床上底栖动物的多样性和组成与底质粒径关系则不明显（段学花 等，2010；Xu et al.，2012）。底质运动也对底栖动物影响很大，其任何的不稳定都会反映在底栖动物群落上，底栖动物多样性是河床稳定性同复杂的生境相互作用的结果（Beisel et al.，1998）。

河床稳定性是河道的一个基本特征，它体现在床面下切、淤积以及底质输移等底质运动方面。研究表明，河床稳定性对底栖动物群落及多样性非常重要（Death and Zimmermann，2005），河床不同程度的稳定性均能在底栖动物群落组成上反映出来（Death，2008）。河床稳定性的变化范围很大，可以从很高的水平（如稳定的底质和少量的推移质运动）变化至很低的水平（如剧烈的推移质运动和悬移质运动、快速的下切和淤积）。

稳定的河床为底栖动物提供了稳定的栖息环境，其上生存有多样的底栖动物类群（Matthaei and Townsend，2000；Duan et al.，2009）。底质的运动通过栖息地的改变、个体的死亡和食物来源的变化来对底栖动物群落造成影响（Townsend et al.，1997b；Matthaei and Townsend，2000；Effenberger et al.，2006；Death，2008；Schwendel et al.，2011）。为了揭示底栖动物群落与河床稳定性之间的关系，学者们开展过很多相关研究。Milner and Petts（1994）和 Milner et al.（2001）指出河道稳定性和水温是影响底栖动物群落的 2 个关键因素。Cobb and Flannagan（1990）和 Flannagan et al.（1989）认为具有不稳定底质的河段的底栖动物多样性都很低。

Cobb et al.（1992）研究发现，底栖昆虫的密度随着河床底质颗粒运动程度的增加而减小。Death（2002）通过对新西兰 25 条森林河流的研究发现，底栖动物的物种丰度随着河床底质扰动程度的增加呈线性递减趋势。

随着对河床稳定性与河流水生态关系的逐渐认识和重视，学者们提出很多用来衡量河床稳定性的方法，包括临界切应力法（Cobb et al.，1992）、'Fliesswasserstammtisch'（FST）-hemispheres 法（Dittrich and Schmedtje，1995；Mérigoux and Dolédec，2004）、冲刷链法（Effenberger et al.，2006）、冲刷盘法（Palmer et al.，1992）、示踪石头法（Death and Zimmermann，2005；Schwendel et al.，2012）和 Pfankuch 稳定性指数法（Death，2002；Schwendel et al.，2012）等。然而，这些方法要么不适合剧烈演变的河流，要么耗时长、花费大。

在中国西南部，地壳活跃、地震频发、岩石破碎，很多山区河流正在经历剧烈的河床演变（图 4.1）。在洪水季节，侵蚀和淤积可以在一个月内改变河床形态（张康，2012）。另一方面，当河床保持稳定一个月至数月后，底栖动物会在河床上重新栖息，具体需要多长时间完成重新栖息取决于底栖动物的物种类型（Xu et al.，2012）。底栖动物个体拥有不同的重新栖息能力（Death，2008），一些物种，尤其捕食者，位于底栖动物食物链的高级位置，需要较长时间才能迁入新的栖息地（Xu et al.，2012）。所以，河床稳定性不同，其上生存的底栖动物群落也可能不同。根据需要定义适合剧烈演变山区河流的河床稳定性指数，并研究底栖动物同河床稳定性之间的关系将为山区河流的生态管理提供重要的基础。

图 4.1　泥石流过后蒋家沟淤积抬升

4.1 研究区域和方法

4.1.1 研究区域

本研究是在小江流域的4条支流——深沟、吊嘎河、蒋家沟和大白泥沟上开展的。小江是长江上游（金沙江）的一条支流，流域面积为3043km^2，属于亚热带季风气候，年平均气温为15℃，年平均降水量为800mm（张康，2012）。深沟、吊嘎河、蒋家沟和大白泥沟这4条山区河流受人类活动的影响较小。深沟、吊嘎河和蒋家沟河床底质主要是卵砾石，大白泥沟河床底质主要是砾石。

深沟发源于云南省东川东部的乌蒙山牯牛岭，自东向西入汇小江，发源地和入汇口的高差为2856m，主沟长13.5km，曾经是一条危及东川城区安全的大型泥石流沟。在历史上深沟发生过比较大的泥石流灾害，使东川的经济和环境遭受到严重影响。1970年开始，通过植树造林、修建谷坊群和拦沙坝、建设消能排导槽等方式对深沟进行治理。经过长时间的治理，深沟内发育出典型的阶梯深潭系统［图4.2（a)］，河床稳定性很高（张康，2012）。

吊嘎河发源于云南省会泽县驾车乡黄草岭，在东川区阿旺镇入汇小江上游大白河，主沟长12km，落差1119m，流域内侵蚀严重，岩性强度较低，易破碎。受环境、地质和人类活动的综合影响，吊嘎河的河床侵蚀下切严重，具有一定的河床结构和河床稳定性［图4.2（b)］（张康，2012）。

蒋家沟发源于云南省会泽县大海乡，主沟长13.9km，落差约2227m，流域内沟道众多。由于地形、地质和降水等条件的共同作用，蒋家沟泥石流爆发频繁，是小江流域最著名的泥石流沟之一。泥石流带来大量泥沙物质在下游淤积，造成下游河床淤积抬升［图4.2（c)］（张康，2012）。

大白泥沟位于云南省昆明市东川区，在左岸汇入小江上游大白河，主沟长 11.8km，这里岩层破碎，风化严重，滑坡崩塌现象频发。大白泥沟也是小江流域著名的泥石流沟之一，河床结构发育极弱，沟内水流变道摆动频率高，河床稳定性很差［图 4.2（d）］。

（a）深沟　（b）吊嘎河

（c）蒋家沟　（d）大白泥沟

图 4.2　研究河流

2005－2011 年期间对深沟、吊嘎河和蒋家沟开展系统的生态调查，每条河流上各设 5 个采样点，进行底栖动物采样，采样时间为 4—5 月，另外，选择采样点附近的代表性河床断面进行河床稳定性测量。图 4.3 给出了研究区域（N 25°32′–26°35′，E 102°52′–103°22′）及采样点布置。

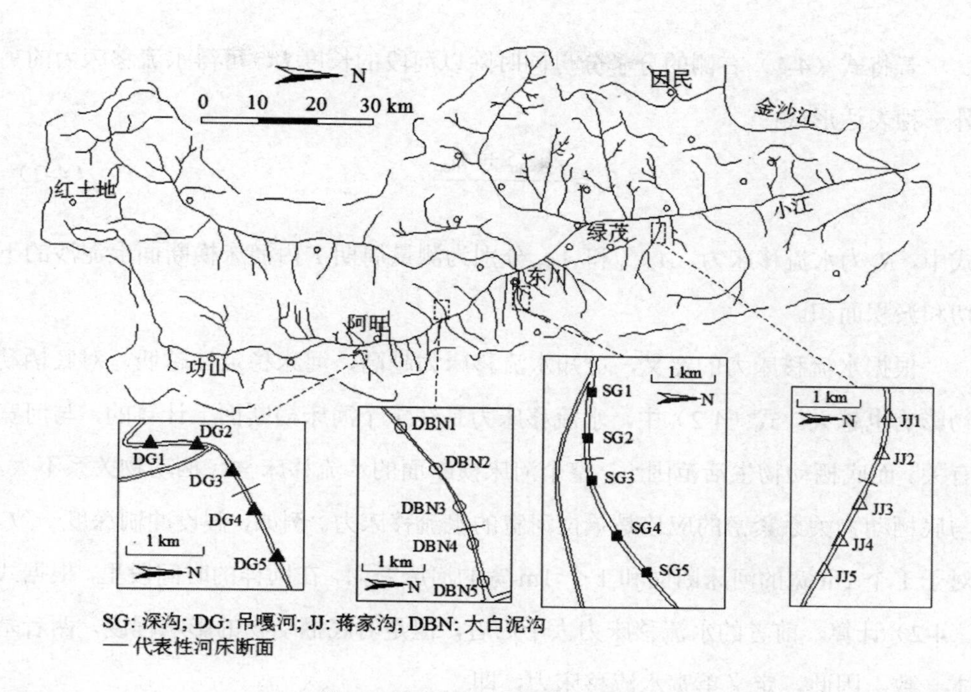

图 4.3　研究区域和采样点布置

4.1.2　研究方法

根据研究需要定义河床稳定性指数 B_s，其定义过程如下：

水流移床力是指水流改造河道的能力，具体定义为水流把泥沙从一个地方搬运到另一个地方从而改变河床形态的能力（王兆印 等，2002）。对于冲淤平衡的河床，水流移床力为零，相反，非恒定流条件下，河床可能发生较大冲刷和淤积，显示很大移床力。

王兆印等（2002）定义水流的移床力为单位长度河段、单位时间内的泥沙冲刷量和沉积量，与泥沙的搬运距离无关。其表达式为

$$R_s = \frac{V_{scour} + V_{dep}}{LT} \tag{4-1}$$

式中，R_s 为水流移床力，V_{scour} 和 V_{dep} 分别为测量周期 T 内河床横断面上泥沙的冲刷和淤积量，L 为测量河段的长度。

若将式（4-1）右侧的分子分母同时除以河段的长度 L，可得水流移床力的另外一种表达形式：

$$R_s = \frac{A_{scour} + A_{dep}}{T} \tag{4-2}$$

式中，R_s 为水流移床力，A_{scour} 和 A_{dep} 分别为测量周期 T 内河床横断面上泥沙的下切和淤积面积。

根据水流移床力的定义，可知水流移床力越高，河床稳定性越低，对底栖动物影响也越大。式（4-2）中，水流移床力是在 1 个河床横断面上计算的，与河宽有关。而底栖动物生活范围小，整个河床横断面的水流移床与底栖动物关系不大，与底栖动物关系紧密的应该是单位河宽的水流移床力。例如，假设冲刷深度一致，对于 1 个 2m 宽的河床断面和 1 个 1m 宽的河床断面，在同样的时间段里，根据式（4-2）计算，前者的水流移床力大于后者，但是对底栖动物的影响程度，两者基本一致。因此，定义单宽水流移床力，即

$$\frac{R_s}{B} = \frac{A_{scour} + A_{dep}}{BT} \tag{4-3}$$

式中，B 为河宽。

水流移床力与河床稳定性之间是相反关系，水力移床力越高，河床稳定性越低。为了更明了地表示河床稳定性的大小，采用单宽水流移床力的倒数来代表河床稳定性指数 B_s，即

$$B_s = \frac{1}{(A_{scour} + A_{dep})/(BT)} = \frac{BT}{A_{scour} + A_{dep}} \tag{4-4}$$

式中，T 为时长（a），A_{scour} 为 T 时间内测量断面的下切面积（m^2），A_{dep} 为 T 时间内测量断面的淤积面积（m^2），B 为河床宽度（m）（图 4.4）。河床稳定性指数 B_s 是指，在河床演变过程中由于下切和淤积，单位河宽的河床横断面发生单位面积变化所需的时间。它反映了底质粒径和来水来沙条件对河床稳定性的综合影响结果。

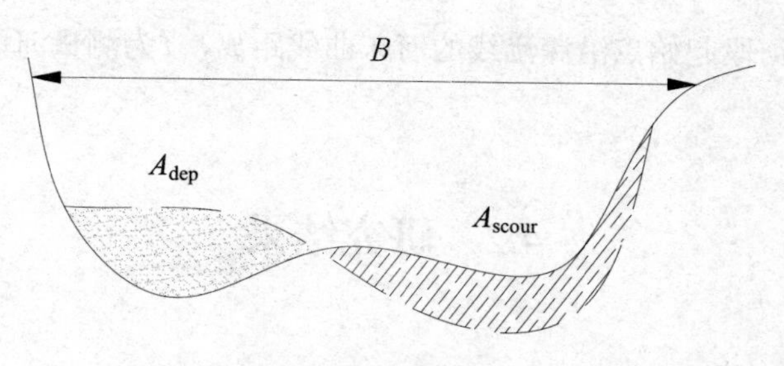

图 4.4 河床断面概念图

表 4.1 给出了 4 条河流的基本参数和采样点的环境参数。现场从河床上采集泥沙样并带回实验室进行筛分，D_{50} 是中值粒径，S_p 是衡量河床床面形态和粗糙程度的一个指标，它代表了河床的能量消耗能力，S_p 的计算公式见式（4-5）（Wang et al.，2012）。推移质单宽输沙率 g_b 采用子母槽坑测法测量（张康，2012）。J 是河床坡降，采用经纬仪测量，并用 1:50000 的 DEM 数据进行校准。枯水期流量 Q_k 通过现场测量获得，流域面积 A 通过 DEM 数据获得，水深采用钢尺测量，流速采用旋桨式流速仪测定，电导率用 DDA-11A 数字电导率仪测定。对于所有的采样点，水深均低于 0.5m，流速均低于 1m/s，电导率均低于 1100μS/cm。

表 4.1 4 条河流的基本参数和采样点的环境参数（mean ±SE）

河流		深沟	吊嘎河	蒋家沟	大白泥沟
河流基本参数	D_{50}/mm	152	81	58	5.2
	S_p	0.27～0.32	0.10～0.15	0.07～0.13	0.03～0.04
	g_b/（kg/s/m）	10^{-4}～10^{-3}	10^{-4}～10^{-2}	10^{-2}～10^{0}	10^{-1}～10^{0}
	J	0.148	0.029	0.063	0.043
	Q_k/（m^3/s）	0.05	0.05	0.06	0.1
	A/km^2	37.9	67.6	48.6	18.7
环境参数（mean±SE）	水深/m	0.08±0.01	0.12±0.04	0.08±0.01	0.07±0.02
	流速/（m/s）	0.34±0.10	0.52±0.14	0.68±0.08	0.44±0.05
	电导率/（μS/cm）	987±17	523±3	405±5	1077±11

S_p 的计算公式（Wang et al.，2012）：

$$S_p = \frac{l}{l} - 1 \tag{4-5}$$

式中，l为测量河段起始点沿深泓线的河床曲线距离，$\bar{l}$为测量河段起始点连接的直线距离。

4.2 研究结果

4.2.1 底栖动物的种类

表 4.2 给出了 4 条河流的底栖动物种类名录，4 条河流中共鉴定底栖动物 70 种，隶属于 45 科 68 属。其中，环节动物 4 种，软体动物 4 种，节肢动物 62 种。深沟、吊嘎河、蒋家沟和大白泥沟的物种数分别为 56、36、18 和 0，在大白泥沟没有发现底栖动物。

表 4.2 4 条河流的底栖动物种类名录

门	科	种（属）数			
		深沟	吊嘎河	蒋家沟	大白泥沟
环节动物门	颤蚓科	2	0	0	0
	仙女虫科	0	u	0	0
	水蛭科	u	0	0	0
软体动物门	扁卷螺科	1	0	0	0
	豆螺科	2	0	0	0
	膀胱螺科	1	0	0	0
节肢动物门	长跳目一科	u	0	0	0
	螨形目一科	u	0	0	0
	钩虾科	u	0	0	0
	短丝蜉科	u	0	0	0
	扁蜉科	u	0	0	0
	四节蜉科	2	2	2	0
	蜉蝣科	u	0	0	0
	细蜉科	u	0	0	0
	带襀科	0	2	1	0
	石蝇科	u	0	0	0

续表

门	科	种（属）数			
		深沟	吊嘎河	蒋家沟	大白泥沟
	纹石蛾科	4	4	3	0
	鳞石蛾科	0	u	u	0
	原石蛾科	2	0	0	0
	管石蛾科	0	u	0	0
	舌石蛾科	0	0	u	0
	短石蛾科	u	0	u	0
	长角石蛾科	u	u	0	0
	石蛾科	u	0	0	0
	鱼蛉科	u	u	u	0
	长角泥甲科	u	0	0	0
	水龟甲科	u	u	0	0
	泥甲科	u	0	0	0
	龙虱科	u	u	u	0
	豉甲科	0	u	0	0
	水缨甲科	u	0	0	0
	扁泥甲科	u	0	0	0
	箭蜓科	2	0	0	0
	大蜓科	u	0	0	0
	蜓科	u	0	0	0
	腹鳃蟌科	u	0	0	0
	水蝇科	0	u	0	0
	毛蠓科	u	u	0	0
	蝇科	0	u	0	0
	舞虻科	u	u	0	0
	大蚊科	4	4	2	0
	水虻科	u	u	u	0
	蚋科	u	u	u	0
	蠓科	u	u	0	0
	摇蚊科	8	8	3	0
S		56	36	18	0
H'		3.31	1.97	0.87	0

注：u 表示没有鉴定到属或者种，下划线的数据是属数。

4.2.2 密度、生物量和功能摄食类群

图 4.5 给出了深沟、吊嘎河和蒋家沟底栖动物不同种类的密度和生物量，大白泥沟没有采集到底栖动物，因此没在图中显示。在密度上，蒋家沟的总密度最高；在生物量上，深沟的总生物量最大。节肢动物是这几条河流的主要类群，深沟底栖动物总密度和总生物量分别为 669 个/m^2 和 10.8550g/m^2，节肢动物密度和生物量分别占总量的 98.0%和 84.1%；吊嘎河底栖动物总密度和总生物量分别为 583 个/m^2 和 1.1038g/m^2，节肢动物密度和生物量分别占总量的 99.9%和 99.99%；蒋家沟底栖动物全为节肢动物，总密度和总生物量分别为 1880 个/m^2 和 1.4565g/m^2。

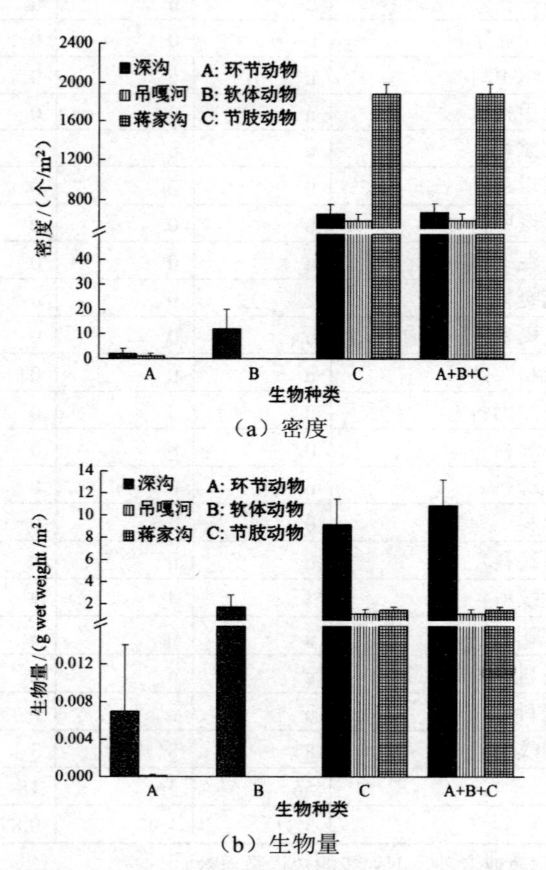

（a）密度

（b）生物量

图 4.5 深沟、吊嘎河和蒋家沟底栖动物不同种类的密度和生物量

图 4.6 给出了深沟、吊嘎河和蒋家沟底栖动物不同功能摄食类群的密度和生物量，大白泥沟没有采集到底栖动物，因此没有在图中显示。就功能摄食类群而言，直接收集者密度最大，在深沟、吊嘎河和蒋家沟中分别为 250、253 和 918 个/m^2，分别占总密度的 37.3%、43.5%和 48.8%。在深沟、吊嘎河、蒋家沟和大白泥沟，捕食者的平均密度分别为 165、70、25 和 0 个/m^2。捕食者的平均生物量分别为 7.0827、0.3985、0.1313 和 0.0000g/m^2。

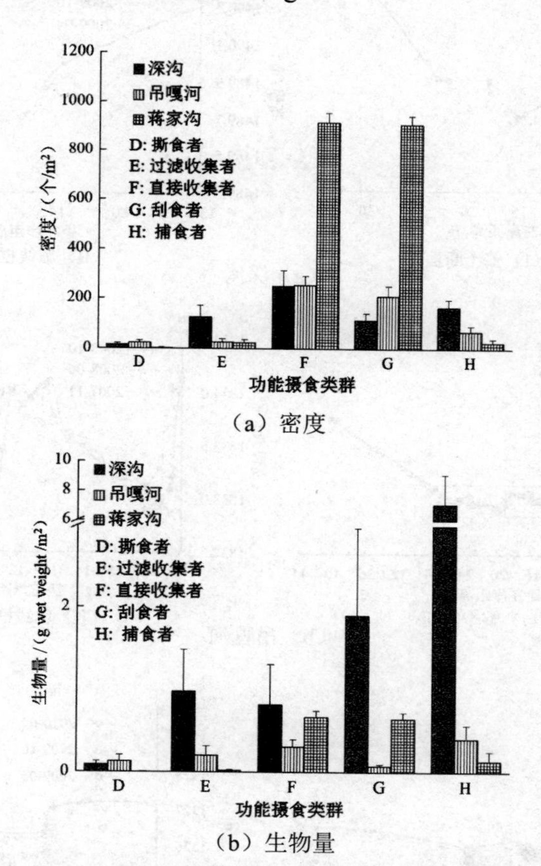

（a）密度

（b）生物量

图 4.6 深沟、吊嘎河和蒋家沟底栖动物不同功能摄食类群的密度和生物量

4.2.3 河床稳定性

图 4.7 给出了深沟、吊嘎河、蒋家沟和大白泥沟代表横断面一年内的变化，

深沟河床变化非常小，而吊嘎河、蒋家沟和大白泥沟的河床则经历了不同程度的冲刷和淤积。根据式（4-4）计算出深沟、吊嘎河、蒋家沟和大白泥沟的河床稳定性指数，分别为 54.4、2.5、1.5 和 0.6a/m，其中深沟河床稳定性最高，大白泥沟河床稳定性最低。

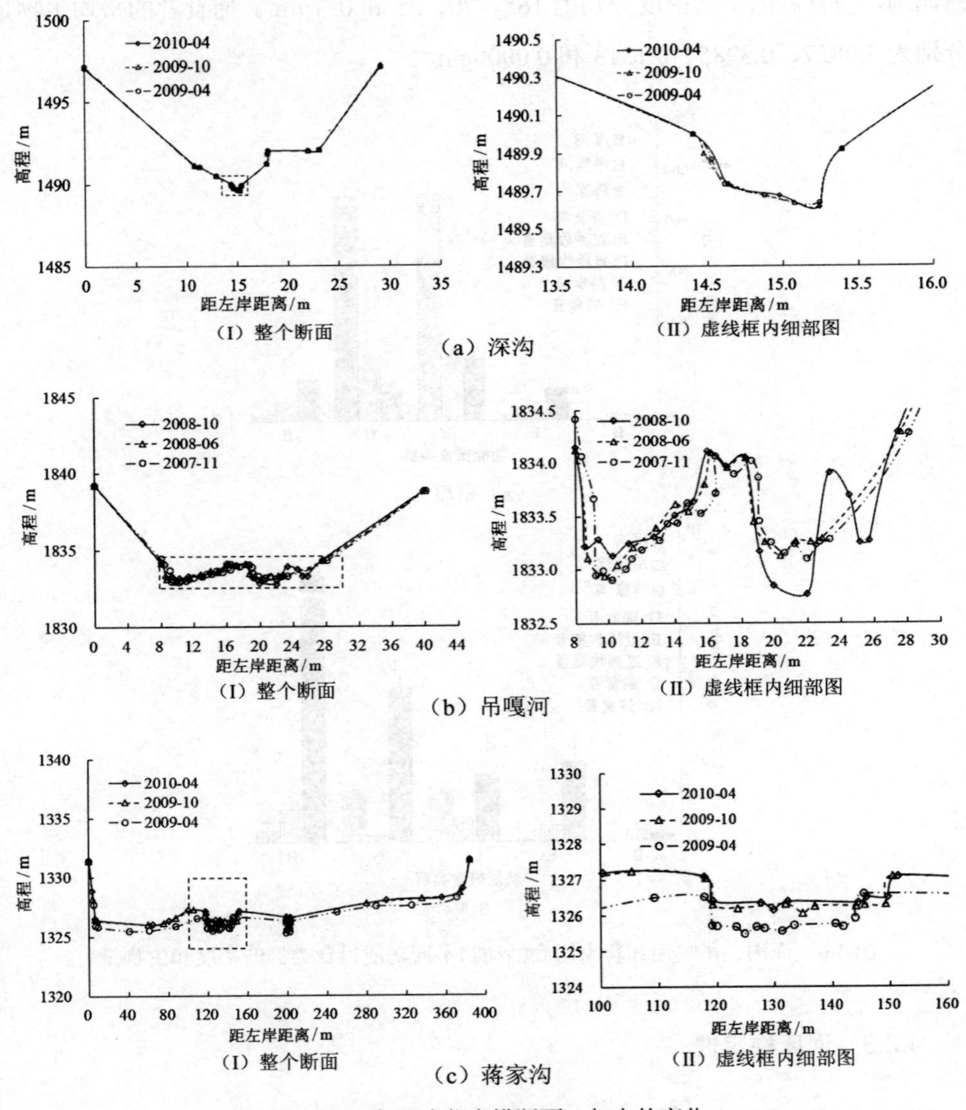

图 4.7　4 条河流代表横断面一年内的变化

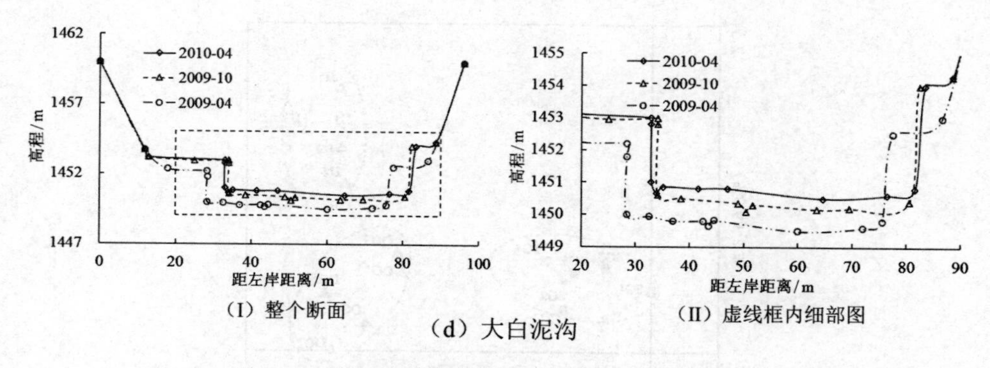

图 4.7 4条河流代表横断面一年内的变化（续图）

4.2.4 底栖动物DCA排序和多样性

图4.8给出了深沟、吊嘎河和蒋家沟调查样点的DCA排序图，大白泥沟没有采集到底栖动物，因此没有参与分析。3条河流的15个样点在第一轴和第二轴上呈现出明显的聚类，该图表明3条河流的底栖动物群落结构存在明显不同。在深沟、吊嘎河和蒋家沟所有测量的参数中，3条河流河床稳定性越大，第一轴的值越小，第一轴代表了河床稳定性的变化，对底栖动物群落变化的解释率为22.7%。另外，蒋家沟、深沟和吊嘎河的底栖动物群落结构在第二轴上也存在明显区别，这可能与河流单宽推移质输沙率有关。蒋家沟的单宽推移质输沙率明显高于深沟、吊嘎河的（表4.1），推移质运动会破坏藻类的细胞壁，影响底栖动物的食物来源，进而造成底栖动物群落结构的差异。

4条河流的物种丰度 S 和香农维纳指数 H' 见表4.2。从深沟、吊嘎河、蒋家沟到大白泥沟，这2个指数呈减小趋势。K-优势曲线包含了生物多样性的2个方面，即物种丰度和均匀度。图4.9给出了4条河流底栖动物的K-优势曲线，从上到下依次为大白泥沟、蒋家沟、吊嘎河和深沟。物种丰度 S、香农维纳指数 H' 和K-优势曲线综合表明，深沟生物多样性最高，其次是吊嘎河和蒋家沟，大白泥沟生物多样性最低。

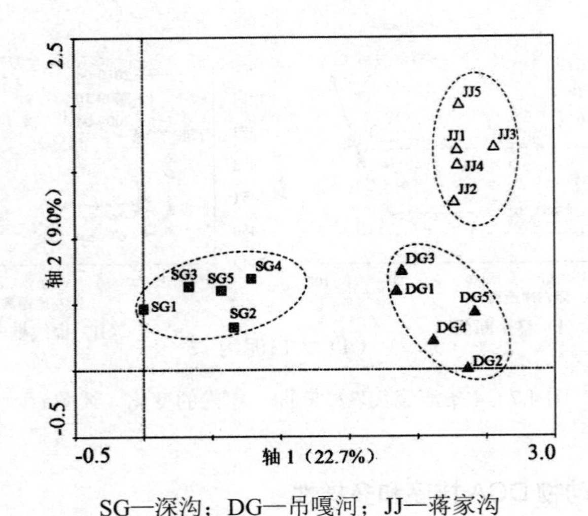

SG—深沟；DG—吊嘎河；JJ—蒋家沟

图 4.8 深沟、吊嘎河和蒋家沟的 DCA 排序图

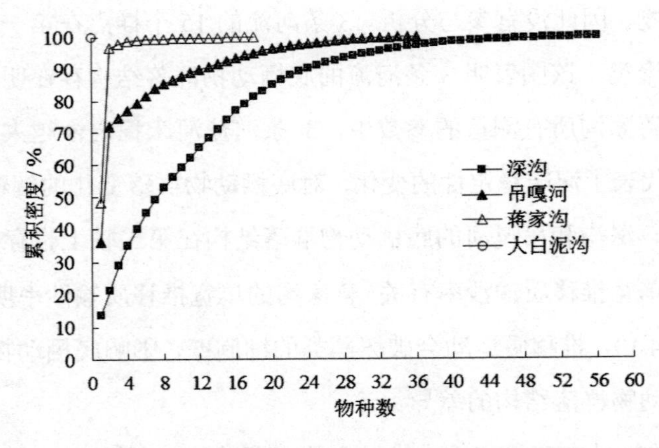

图 4.9 4 条河流底栖动物的 K-优势曲线

4.2.5 多样性、生物量和密度同河床稳定性的关系

图 4.10 给出了底栖动物多样性（物种丰度 S 和香农维纳指数 H'）、生物量和密度与河床稳定性的关系。在其他环境类似的情况下，底栖动物多样性随着河床稳定性的增加而增加，当河床稳定性指数超过某一临界值时达到平衡，当稳定性指数低于 0.6a/m 时，没有底栖动物生存，生物多样性为 0。底栖动物生物量随

着河床稳定性的增加呈现上升趋势，然而，底栖动物密度和多样性之间并不存在明显的关系。

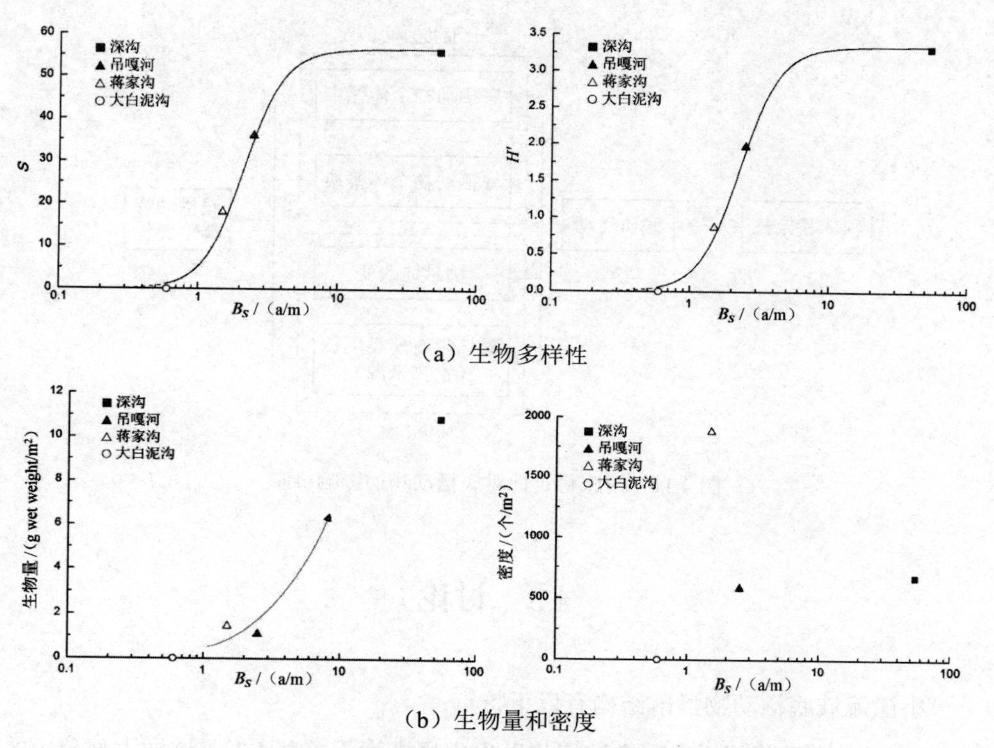

（a）生物多样性

（b）生物量和密度

图 4.10　底栖动物多样性、生物量和密度同河床稳定性的关系

4.2.6　河床稳定性对底栖动物的影响机制

图 4.11 给出了河床稳定性对底栖动物的影响机制。河床稳定性代表了泥沙（底质）的运动，泥沙运动可以从以下 4 个方面影响底栖动物群落：

（1）泥沙冲刷或淤积会直接造成底栖动物个体的死亡。

（2）泥沙冲刷扰动了底栖动物的栖息环境，有些生物会顺水流漂走，同时上游漂来的生物可能会在这里重新栖息，造成底栖动物个体的替换。

（3）泥沙冲刷或淤积改变了原有栖息地，栖息地的改变会引起底栖动物群落的改变。

（4）泥沙冲刷滚动会损坏附石藻类的细胞壁，泥沙淤积后将覆盖附石藻类，这 2 种运动方式均破坏了附石藻类的生长，从而影响了底栖动物的食物来源。

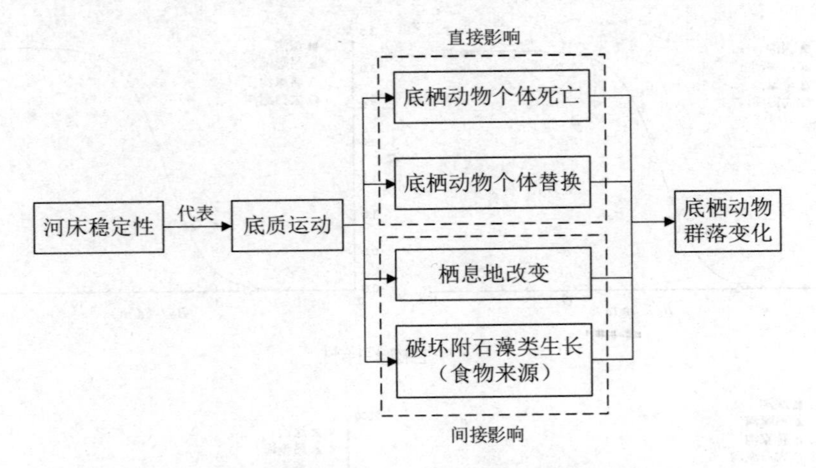

图 4.11 河床稳定性对底栖动物的影响机制

4.3 讨论

小江流域底栖动物群落结构有以下特点：

（1）在群落组成上，研究河流均以水生昆虫为主（表 4.2），这同大部分山区河流的特征相似（Xu et al.，2012；Pan et al.，2013）。

（2）在物种组成上，研究河流均有较多喜流水的种类，如四节蜉科 Baetidae、扁蜉科 Heptageniidae 和龙虱科 Dytiscidae（图 4.12）。

（3）由于研究流域属于干热河谷，温度较高，这里喜冷性物种比较少。

研究结果表明密度同河床稳定性不存在明显的关系，蒋家沟的河床稳定性差，密度却最大。这主要是由四节蜉科造成的，蒋家沟四节蜉科的密度达 1820 个/m^2，占总密度的 96.8%。刘保元和梁小民（1997）认为，底栖动物的生殖时间和发育越冬过程对其季节变化有较大影响。蜉蝣多数以稚虫越冬，在春秋两季羽化，同一品种的蜉蝣常常在同一个时间羽化离开水面，所以四节蜉科大量出现的原因可能是采样的季节刚好处于四节蜉科羽化前期。而深沟的底栖动物物种丰富，物种之间的竞争比较激烈，并且这里出现了蜻蜓稚虫，研究表明，蜻蜓目稚虫主要捕食蜉蝣目稚虫和摇蚊幼虫（Woodward and Hildrew，2002），所以四节蜉科在深沟没有大量出现。

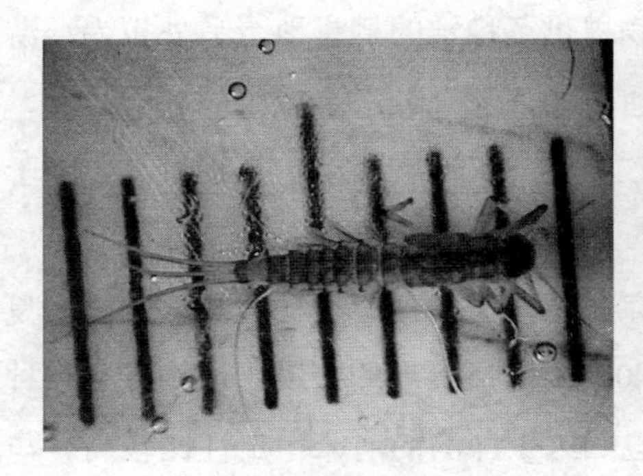

（a）四节蜉科

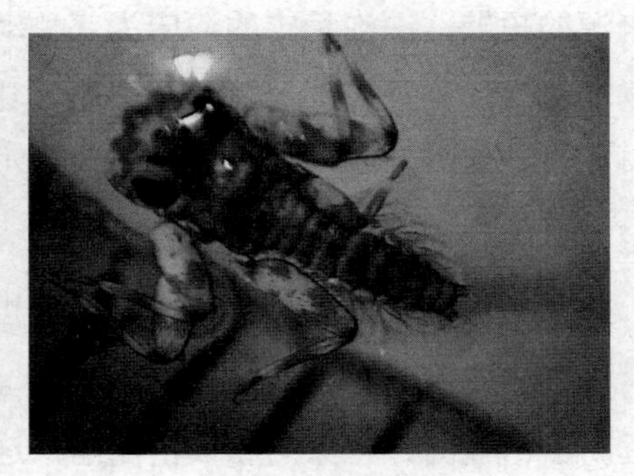

（b）扁蜉科

（c）龙虱科

图 4.12　喜流水种类

底栖动物多样性与河床稳定性则存在明显关系，从图 4.10（a）的曲线可知：当河床稳定性指数超过某一临界值时，河床的变动很小，这些变动对底栖动物群落几乎没有影响；而当稳定性指数低于这一临界值时，河床受到的持续冲刷或淤积足以对底栖动物群落造成破坏，冲刷或淤积强度越大，河床稳定性越低，对底栖动物群落的破坏越大，底栖动物多样性越低。

在生物量上，深沟的底栖动物生物量最大，深沟的生物量分别是吊嘎河和蒋家沟的 9.8 倍和 7.5 倍，大白泥沟无底栖动物生存。前人的研究表明稳定的栖息地和丰富的食物是影响底栖动物生长的 2 个重要因素（Cobb et al.，1992；Townsend et al.，1997a；Doisy and Rabeni，2001）。底质运动可能会破坏浮游植物（Allan and Castillo，2007）和藻类（Matthaei et al.，2003）的细胞壁，从而造成底栖动物食物来源的短缺。深沟稳定的河床为底栖动物提供了稳定的栖息地，另外也为浮游植物和藻类的生长提供了条件。然而，其他 3 条河流存在或多或少的底质运动，相对而言，浮游植物和藻类存量也比较少。因此，深沟底栖动物生物量高归因于稳定栖息地和丰富食物的结果。

4 条河流的底栖动物功能摄食类群也存在不同，捕食者物种数在深沟、吊嘎河、蒋家沟和大白泥沟分别是 10、8、1 和 0。深沟捕食者的密度、生物量和物种数远高于吊嘎河、蒋家沟和大白泥沟，这也归因于深沟的河床稳定性比较高。与其他功能摄食类群相比，捕食者需要更长的时间迁入到栖息地中，因为捕食者在底栖动物食物链中处于高级位置，需要以其他类群为食（Mackay，1992；Xu et al.，2012）。而稳定的栖息地更利于不同类群的底栖动物生长，这些生物将为捕食者提供丰富的食物来源（段学花 等，2010）。

总体而言，通过研究河流的底栖动物群落和环境的空间对比表明，河床稳定性是影响底栖动物和水生态的一个主要因素。Yu et al.（2010）在吊嘎河流域做过野外试验，通过修建人工阶梯深潭系统来控制河流下切，试验结果表明，人工阶梯深潭显著增加了河床稳定性，改善了河流生态，河床稳定性的增加极大提高了底栖动物的生物多样性。

4.4 小结

底栖动物是一类主要栖息在河床上的生物，河床为其提供了生存空间，河床稳定性对底栖动物群落具有非常重要的作用，是影响底栖动物群落结构的一个重要因素。2005—2011 年期间，对小江流域 4 条山区河流的稳定性和底栖动物群落进行了调查研究，并定义了河床稳定性指数（B_S），即在河床演变过程中，由于侵蚀和淤积，单位河宽的河床横断面发生单位面积变化所需的时间。研究表明，深沟、吊嘎河、蒋家沟和大白泥沟4条河流的河床稳定性不同，深沟稳定性最高，其次是吊嘎河和蒋家沟，大白泥沟稳定性最低。

4条河流共鉴定底栖动物70种，隶属于45科68属，节肢动物是主要类群，收集者密度最高。采用物种丰度S、香农维纳指数H'和K-优势曲线来评价底栖动物多样性，结果表明，深沟生物多样性最高，其次是吊嘎河和蒋家沟，大白泥沟生物多样性最低。

除趋势对应分析（DCA）表明河床稳定性是影响底栖动物群落的主要因素，对底栖动物群落变化的解释率为22.7%。底栖动物多样性和生物量在很大程度上取决于河床稳定性。在其他环境类似的情况下，生物多样性随着河床稳定性的增加而增加，当河床稳定性指数超过某一临界值时达到平衡，当稳定性指数低于0.6a/m时，没有底栖动物生存，生物多样性为0。底栖动物生物量随着河床稳定性的增加呈现上升趋势。然而，底栖动物密度和稳定性之间并不存在明显的关系。本研究成果可用于指导我国西南山区河流修复，即可以通过控制侵蚀和淤积来加强河床稳定性，从而改善山区河流的生态状况。

参考文献

[1] Allan J D, Castillo M M. Stream Ecology: Structure and Function of Running Waters. Dordrecht, The Netherlands: Springer, 2007.

[2] Beauger A, Lair N, Reyes-Marchant P, et al. The distribution of macroinvertebrate assemblages in a reach of the River Allier (France), in relation to riverbed characteristics. Hydrobiologia, 2006, 571(1): 63-76.

[3] Beisel J N, Usseglio-Polatera P, Thomas S, et al. Stream community structure in relation to spatial variation: the influence of mesohabitat characteristics. Hydrobiologia, 1998, 389(1-3):73-88.

[4] Cobb D G, Flannagan J F. Trichoptera and substrate stability in the Ochre River, Manitoba. Hydrobiologia, 1990, 206(1):29-38.

[5] Cobb D G, Galloway T D, Flannagan J F. Effects of discharge and substrate stability on density

and species composition of stream insects. Canadian journal of fisheries and aquatic sciences, 1992, 49(9):1788-1795.

[6] Death R G, Zimmermann E M. Interaction between disturbance and primary productivity in determining stream invertebrate diversity. Oikos, 2005, 111(2):392-402.

[7] Death R G. Predicting invertebrate diversity from disturbance regimes in forest streams. Oikos, 2002, 97(1):18-30.

[8] Death R G. The effects of floods on aquatic invertebrate communities. Wallingford: CAB International, 2008, 103-121.

[9] Dittrich A, Schmedtje U. Indicating shear stress with FST-hemispheres–effects of stream-bottom topography and water depth. Freshwater Biology, 1995, 34(1):107-121.

[10] Doisy K E, Rabeni C F. Flow conditions, benthic food resources, and invertebrate community composition in a low-gradient stream in Missouri. Journal of the North American Benthological Society, 2001, 20(1):17-32.

[11] Duan X H, Wang Z Y, Xu M Z, et al. Effect of streambed sediment on benthic ecology. International Journal of Sediment Research, 2009, 24(3):325-338.

[12] Effenberger M, Sailer G, Townsend C R, et al. Local disturbance history and habitat parameters influence the microdistribution of stream invertebrates. Freshwater Biology, 2006, 51(2):312-332.

[13] Flannagan J, Cobb D, Friesen M. The relationship between some physical factors and mayflies emerging from South Duck River and Cowan Creek, Manitoba. In: Froehlich C G, Campbell I C. Mayflies and stoneflies: life histories and biology. Springer Netherlands, 1989, 233-242.

[14] Hawkins C P, Murphy M L, Anderson N. Effects of canopy, substrate composition, and gradient on the structure of macroinvertebrate communities in Cascade Range streams of Oregon. Ecology, 1982, 63(6):1840-1856.

[15] Mackay R J. Colonization by lotic macroinvertebrates: a review of processes and patterns. Canadian journal of fisheries and aquatic sciences, 1992, 49(3):617-628.

[16] Matthaei C D, Townsend C R. Long-term effects of local disturbance history on mobile stream invertebrates. Oecologia, 2000,125(1):119-126.

[17] Matthaei C D, Guggelberger C, Huber H. Local disturbance history affects patchiness of benthic river algae. Freshwater Biology, 2003, 48(9):1514-1526.

[18] Mérigoux S, Dolédec S. Hydraulic requirements of stream communities: a case study on invertebrates. Freshwater Biology, 2004, 49(5):600-613.

[19] Milner A M, Petts G E. Glacial rivers: physical habitat and ecology. Freshwater Biology, 1994, 32(2):295-307.

[20] Milner A M, Brittain J E, Castella E, et al. Trends of macroinvertebrate community structure in

glacier-fed rivers in relation to environmental conditions: a synthesis. Freshwater Biology, 2001, 46(12):1833-1847.

[21] Palmer M, Bely A, Berg K. Response of invertebrates to lotic disturbance–a test of the hyporheic refuge hypothesis. Oecologia, 1992, 89(2):182-194.

[22] Pan B Z, Wang Z Y, Li Z W, et al. An exploratory analysis of benthic macroinvertebrates as indicators of the ecological status of the Upper Yellow and Yangtze Rivers. Journal of Geographical Sciences, 2013, 23(5):871-882.

[23] Schwendel A C, Joy M K, Death R G, et al. A macroinvertebrate index to assess stream-bed stability. Marine and Freshwater Research, 2011, 62(1):30-37.

[24] Schwendel A, Death R, Fuller I, et al. A new approach to assess bed stability relevant for invertebrate communities in upland streams. River Research and Applications, 2012, 28(10):1726-1739.

[25] Townsend C, Arbuckle C, Crowl T, et al. The relationship between land use and physicochemistry, food resources and macroinvertebrate communities in tributaries of the Taieri River, New Zealand: a hierarchically scaled approach. Freshwater Biology, 1997a, 37(1):177-191.

[26] Townsend CR, Scarsbrook MR, Dolédec S. Quantifying disturbance in streams: Alternative measures of disturbance in relation to macroinvertebrate species traits and species richness. Journal of the North American Benthological Society, 1997b, 16(3):531-544.

[27] Wang Z Y, Lee J H W, Melching C S. River dynamics and integrated river management. Berlin and Beijing: Verlag and Tsinghua Press, 2012.

[28] Woodward G, Hildrew A G. Food web structure in riverine landscapes. Freshwater Biology, 2002, 47(4):777-798.

[29] Xu M Z, Wang Z Y, Pan B Z, et al. Distribution and species composition of macroinvertebrates in the hyporheic zone of bed sediment. International Journal of Sediment Research, 2012, 27(2):129-140.

[30] Yu G A, Wang Z Y, Zhang K, et al. Restoration of an incised mountain stream using artificial step-pool system. Journal of Hydraulic Research, 2010, 48(2):178-187.

[31] 段学花，王兆印，徐梦珍. 底栖动物与河流生态评价. 北京：清华大学出版社，2010.

[32] 刘保元，梁小民. 太平湖水库的底栖动物. 湖泊科学，1997，9（3）：237-243.

[33] 王兆印，吴永胜. 水流移床力及河道动力力学的初步探讨. 水利学报，2002，（3）：6-11.

[34] 张康. 河床结构在推移质运动和河床演变中的作用. 北京：清华大学，2012.

第 5 章 水文连通性对底栖动物的影响

5.1 底栖动物的横向格局和纵向格局

5.1.1 底栖动物的横向格局

河流在演变过程中，伴随着河道的冲淤、流域的侵蚀及地貌的变化，河床演变也时刻发生着，并影响着河流的生态功能。河道的演变过程，从平面表现为河道平面形态的复杂变化（邵学军和王兴奎，2005）。根据平面形态划分，常见的河型包括顺直、弯曲、辫状等，每种河型的水流条件、泥沙输移特性等均存在不同。弯曲型河流是地球表面最多的一种河型，由一系列弯道段和与之相连的顺直过渡段组成。随着弯曲河流的长期演变，河岸带（river floodplain）形成一系列不同的水体单元，包括主流、支流、牛尾湖、牛轭湖、湿地等（Ward，1998），这些水体单元构成了复杂的水生生态系统，如图 5.1 所示。不同水体单元的生境（如流速、底质以及与主流的隔离程度）不同，从而为水生生物提供了多样的栖息地（Castella et al.，1984；Copp，1989；Mitsch and Gosselink，2000）。

底栖动物迁移能力弱，河道与泛滥平原或河岸带上不同的水体单元之间的隔离使得底栖动物群落也存在一定的隔离。比起河流连续性理论中讨论的营养螺旋，洪水和水文连通造成的河道与泛滥平原或河岸带之间的横向交换和营养循环对生物有更直接的影响（Vannote et al.，1980；Junk et al.，1989），是河道—泛滥平原/

河岸带生态系统中底栖动物群落结构的主要影响因素（Gallardo et al.，2008；Obolewski，2011）。

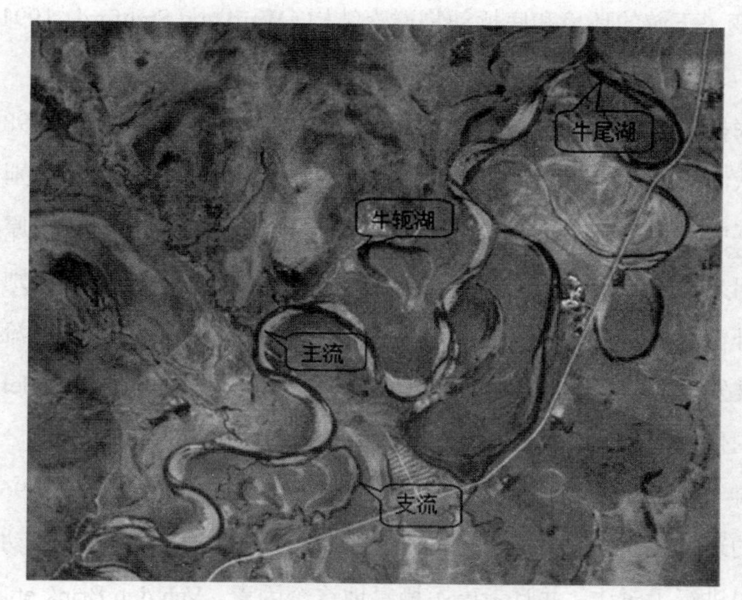

图5.1 弯曲河流河岸带各种水体

5.1.2 底栖动物的纵向格局

关于底栖动物的纵向格局，在小尺度上已有部分研究，并取得了一定的成果。其中，Céréghino et al.（2002）研究了山区河流人工湖下层滞带水间歇性洪峰对下游沿程底栖动物的影响，并认为间歇性洪峰没有明显改变底栖动物群落的定性组成，但是明显地影响到一些生物的纵向分布。Dudgeon（1984）对香港林村河沿程底栖动物功能摄食类群进行了研究，认为底栖动物功能摄食类群分布基本上与河流连续性理论预测的一致。Cannan and Armitage（1999）对地下水补给的河流内底栖动物进行了沿程研究，认为流域的地形和底栖动物的分布有着一定的联系。Burgherr and Ward（2001）对一条高山冰川融水河流底栖动物的沿程分布进行了研究，认为底栖动物的分布与河道稳定性和温度都有关系。另外，大坝建设对河流的生态效应也引起了国内外学者的关注，大坝破坏了河流纵向上的连续性，阻碍了营养物质的输移和底栖动物的迁移（孙东亚 等，2005；Ward and Stanford，1995），改变了下游的环境和底栖动物群落结构（Ward and Stanford，1991；Lessard and Hayes，2003；Tiemann et al.，2004）。

关于底栖动物的纵向格局在大尺度上主要有 3 种模式（Ward，1989）：约束河段—辫状河段—弯曲河段模式、高山河流—平原河流模式和河流级别—河流级别模式。其中，约束河段—辫状河段—弯曲河段模式和高山河流—平原河流模式主要是提出来的理想模式，少有实地采样研究，而河流级别—河流级别模式则引起了国内外学者们兴趣，据统计，到 1994 年 5 月已有 33 篇有关“河流连续性概念”的论文发表（Cushing，1994，唐涛 等，2004）。Hawkins and Sedell（1981）分析了美国俄勒冈州一个河系的底栖动物功能摄食类群的密度和丰度，认为这两个指标符合“河流连续性概念”模型的定性特征。Grubaugh et al.（1996）研究了山区河流的连续性系统，并把结果与河流连续性理论模型预测的底栖动物群落结构纵向格局进行了对比，并且考虑了栖息地这个因素。Van den Brink et al.（1994）将底栖动物功能摄食结构与“河流连续性概念”理论进行比较来研究受人类影响的河流是否依然有天然河系的特征。唐涛等（2004）对长江三峡水库支流香溪河的底栖动物进行了调查研究，研究表明香溪河是一条以自养生产为主的河流，由于河流已经受到了一定程度的人为干扰，所以所研究的特征并不完全与连续统概念的预测相一致。胡本进等（2005）对安徽省祁门县阊江河 1～6 级支流的大型底栖无脊椎动物进行了调查，指出该河 1～6 级支流大型底栖无脊椎动物各摄食功能群落演变趋势符合“河流连续性概念”理论。

5.2 横向水文连通性与底栖动物

弯曲河流河岸带间多样的水体极大地丰富了弯曲河流的生态资源。许多研究表明，水文连通性对弯曲河流河岸带生态格局的塑造具有很重要的作用（Pringle，

2003）。水文连通性包括了河岸带系统上的各种格局及过程，主要以同主流的交换程度来定义，表示了各种水体与主流的隔离程度（Gallardo et al.，2008）。

由洪水造成的水文连通加强了河岸带不同水体单元之间的营养物质交换和生态连通（Salo et al.，1986；Amoros and Roux，1988；Ward and Stanford，1995），这些横向交换和营养循环对生物有非常直接的影响（Vannote et al.，1980；Junk et al.，1986），是影响河岸带生态系统中底栖动物群落结构的主要因素（Reckendorfer et al.，2006；Obolewski，2011）。Gallardo et al.（2008）对一个经过人工治理的河流河岸带的底栖动物格局进行了研究，指出水文连通对底栖动物群落变化的解释率最高（28%），其次是物理化学因素（10%）和营养因素（7%）。Obolewski 对波兰一条弯曲河流及其牛轭湖的研究也得出相似结论，并指出水文连通增加了底栖动物的丰度和密度（Obolewski，2011）。潘保柱等（2008）对长江故道天鹅洲和老江河的调查研究表明，江湖阻隔是造成两故道底栖动物减少的重要原因之一，建议增加江湖连通，提高故道的生境异质性，从而维持较高的生物多样性。这些研究均是基于低海拔地区的河岸带生态系统，鲜见对高原地区的报道。高原地区有独特的气候特点，主要表现为气温低、日照多、辐射强烈，研究高原地区的河岸带底栖动物格局及其主要影响因素对完整理解河流生态系统具有很重要的意义。

黄河源是指龙羊峡水库以上的黄河流域范围，位于青藏高原东北部，总面积约 13.2 万 km^2，该区域是三江源自然保护区的重要组成部分，具有涵养水源、保护生物多样性等功能（Pan et al.，2013）。黄河源区是黄河生态的源头，其生态问题是社会关注的焦点（王根绪 等，2000；张镱锂 等，2006；杨建平 等，2007）。源区冲积河型具有多样性，弯曲河流尤其广泛分布，如兰木错曲、泽曲等（李志威，2013）。若尔盖湿地位于黄河源区，是世界最大的高原泥炭沼泽湿地分布区，黄河流经这里水量增加了 30%，被誉为“中国高原之肾”（张晓云 等，2005）。黑河和白河是流经若尔盖湿地的两条主要河流，若尔盖盆地宽阔的河谷为河曲发育提供了有利条件，黑河和白河及其支流多为弯曲河流。经过长期演变，若尔盖湿地形成了三种主要的湿地类型，即河流、湖泊和沼泽湿地。黄河源及若尔盖湿地典型的弯曲河流和多样的水体为开展高原河流河岸带底栖动物格局提供了有利条件。

泥炭是一种经过几千年所形成的天然沼泽地产物，是植物、水文、地貌和气候诸因素综合作用的结果，它由水、矿物质和有机质 3 部分组成，是一种宝贵的矿产资源（连树清，2008）。泥炭作为一种特殊的土壤和底质，其发育生态具有一定的特殊性，国外已经开展了一些泥炭地生物多样性方面的研究（Lamentowicz and Mitchell，2005；Rydin et al.，2006；Wieder and Vitt，2006）。泥炭具有质轻、保水等特性，能影响产水量和产沙量（Costin，1966；Bay，1969），也会对底栖动物群落造成影响。Erman and Erman（1975）对北加利福尼亚 7 个矿质泥炭沼泽的底栖动物进行调查，发现水生寡毛类在群落中占主导优势，寡毛纲动物的产量与平均泥炭层厚度呈正相关关系。Erman and Chouteau（1979）研究表明，泥炭沼泽向相邻的小溪中释放大量的细颗粒有机碳（FPOC），蚋科群落随着细颗粒有机碳含量的增加而增加。Laine and Heikkinen（2000）认为泥炭的开采能增加浅滩河床上的颗粒有机质含量，而低于 0.075mm 的颗粒有机质能够携带铁（Fe），这些均有可能是浅滩上底栖动物群落变化的原因。

本节基于对河床演变及其形成的各种水体的认识，研究了高原地区弯曲河流河岸带不同水体的底栖动物群落格局，分析了引起不同水体底栖动物群落差异的环境因子，给出了不同水体的底栖动物群落特征及其生物多样性。以底栖动物为指示物种，对比研究了泥炭湿地的河流生态系统特点，并揭示了引起这些生态特点的原因。

5.2.1 研究区域及方法

1. 研究区域

黄河源区涉及青海、四川、甘肃等省，源区发育有典型的弯曲河流和各种水体，因此选择该区域来研究高原地区弯曲河流和湿地的底栖动物格局。主要选择黄河源区支流兰木错曲的一个河段和若尔盖湿地为研究区域，通过这两个区域的研究，一方面能够揭示不同水体的底栖动物格局及主要影响因素，另一方面通过对比，总结出泥炭湿地河流的生态特征。图 5.2 给出了研究区域位置图。

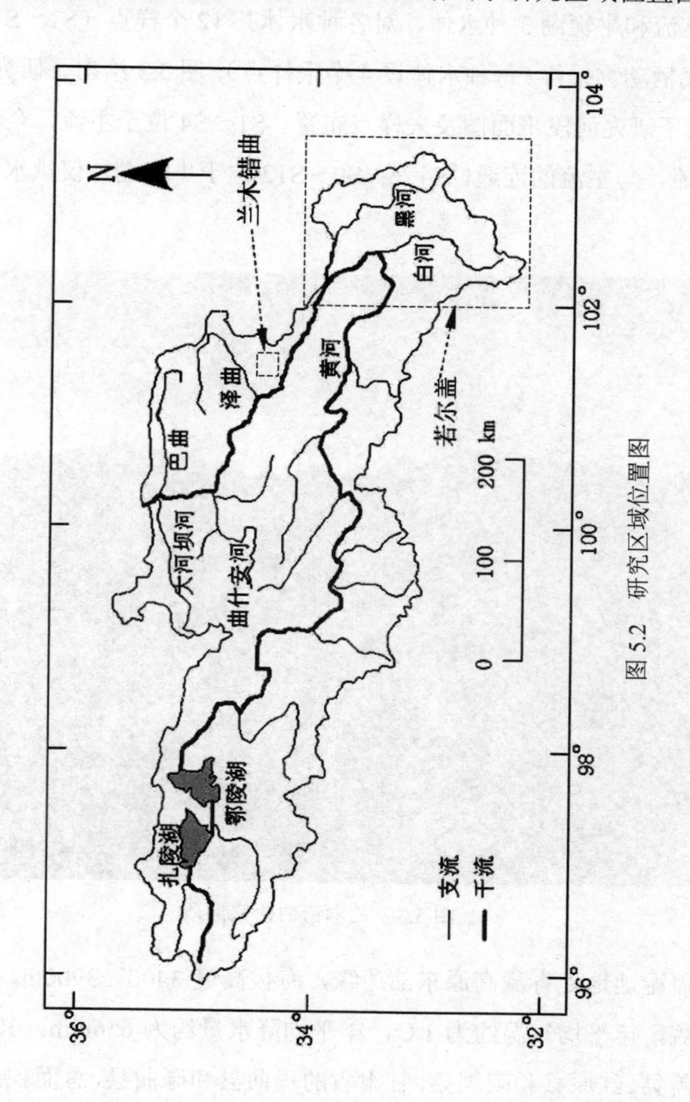

图 5.2 研究区域位置图

兰木错曲是黄河源区的一条支流，同永曲在河南县多松乡下游汇合后流入黄河，该区域海拔3600m左右，昼夜温差大，年均气温低于1℃，年均降水量约为600mm（赵和梅和袁倩，2007）。2012年7月和2013年6月底对兰木错曲一个长约14km的河段开展了研究，研究河段地理位置为N34°26′、E101°29′，河段内分布主流、支流和牛轭湖3种水体，对各种水体共12个样点（S1～S12）进行了野外调查和底栖动物采样（每种水体设4个采样点），图5.3给出了研究河段现场图，图5.4给出了研究河段平面图及采样点布置。S1～S4位于主流，全年连通；S5～S8位于支流，与主流的连通性略差；S9～S12位于牛轭湖，仅洪水季节才与主流连通。

图5.3 兰木错曲研究河段

若尔盖湿地地处青藏高原东部边缘，海拔高度3400～3900m，属于起伏平缓的丘陵地貌，年平均气温约为1℃，年平均降水量约为656mm。其范围包括四川省的若尔盖县、红原县和阿坝县，甘肃省的玛曲县和碌曲县，总面积达$1.6\times10^4km^2$（李志威 等，2014）。2012年7月和2013年7月对若尔盖湿地河流、湖泊和沼泽湿地3种水体共计23个样点进行了野外调查和底栖动物采样，研究区域及采样点见图5.5。其中，S1～S6位于白河及其支流，S7～S12位于黑河及其支流，S13～S18位于湖泊，均是毗邻河流的牛轭湖，S19～S23位于湿地。河流的连通性最好，牛轭湖其次，湿地的连通性最弱。

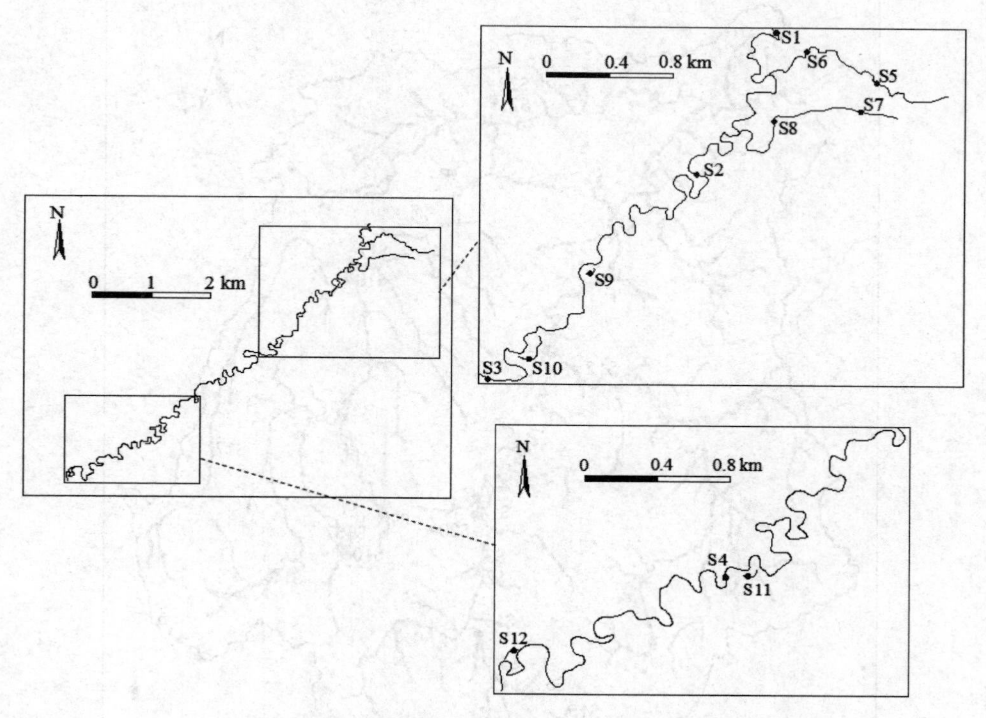

图5.4 兰木错曲研究河段平面图及采样点布置

2. *研究方法*

对于河流，用踢网选择代表性点进行底栖动物采样，对于湖泊和湿地，采用1/16m^2的彼得逊采泥器配合踢网采集底栖动物。溶解氧采用HACH HQd-40便携式手持溶氧仪（探头LBOD10101）现场测量，电导率采用HACH HQd-40便携式手持溶氧仪（探头CDC40101）现场测量。水深采用钢尺测量，透明度采用萨氏盘测量，流速采用Global Water FP111旋桨式流速仪测量。采用剪刀对采样点内的植物进行采样，洗干净并用滤纸吸干表面水分后称重，可得沉水植物量。底质采用现场目估，pH 及水温采用 Hanna HI98128 笔式 pH 计现场测定。在采样点处的表、底层取混合水样，带回室内测定总氮和总磷，具体测定方法参照《水和废水监测分析方法》(国家环境保护总局，2002)。

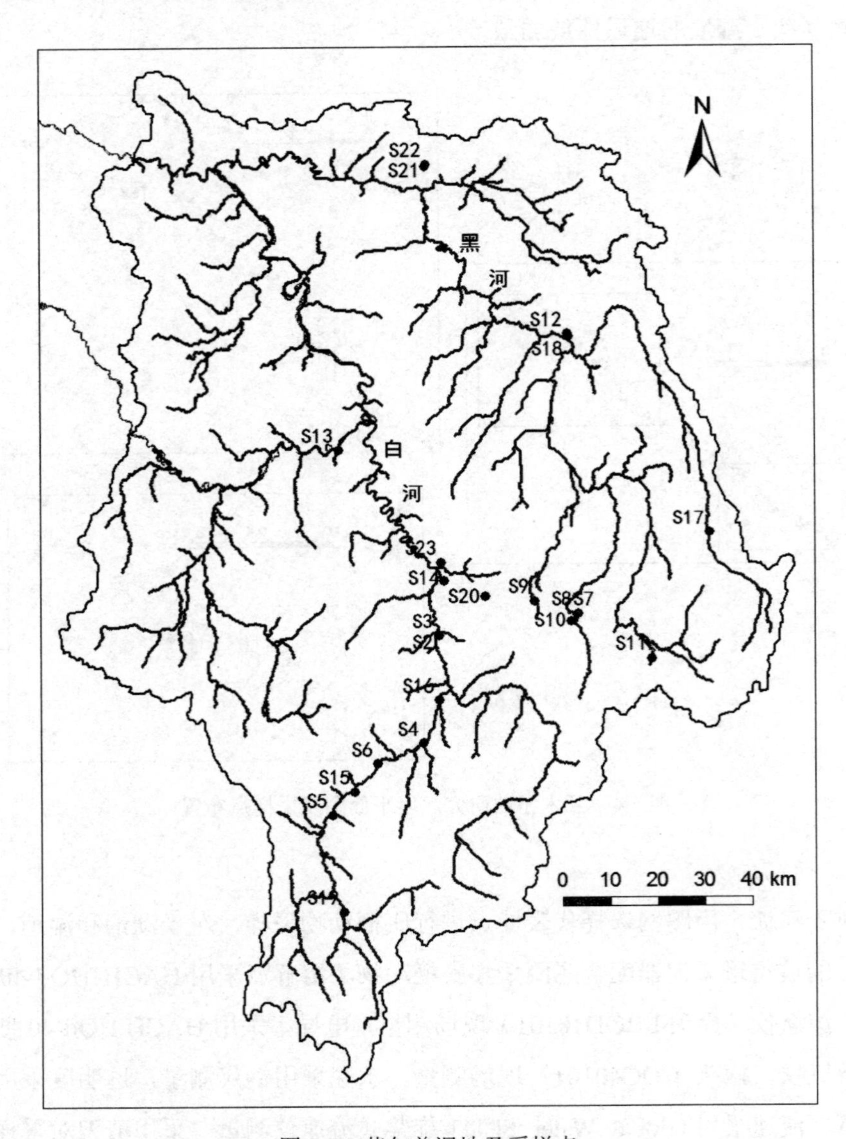

图 5.5 若尔盖湿地及采样点

5.2.2 结果和讨论

1. 环境参数

表5.1给出了兰木错曲各采样点的环境参数，水温范围为12.7～32.9℃，由于兰木错曲昼夜温差大，采样发生在一天的不同时段。研究河段的溶解氧均大于5.5mg/L，总氮浓度均小于1.0mg/L，总磷浓度均小于0.15mg/L。受到放牧的影响，S7、S9和S12的总氮值偏高，但研究河段基本处于自然状态。牛轭湖中生长有水生植物，河流中则没有。

表5.1 兰木错曲各采样点环境参数表

样点	T /℃	DO /（mg/L）	pH	Cond /（μS/cm）	B /m	h_{SD} /cm	H /cm	v /（m/s）	底质	B_{Mac} /（g/m²）	TN /（mg/L）	TP /（mg/L）
S1	15.6	7.44	8.24	404	8.4	70	5–15	0.3	卵石	0	0.139	0.015
S2	19.0	7.03	8.18	436	7.0	68	15–30	0.6	卵石	0	0.127	0.013
S3	14.8	7.65	8.35	454	8.8	65	5–15	0.3	卵石	0	0.273	0.022
S4	12.7	7.77	8.40	446	8.1	65	10–25	0.4	卵石	0	0.286	<0.01
S5	14.9	8.29	7.86	603	6.0	73	0–10	0.3	卵石	0	0.181	<0.01
S6	22.4	8.41	7.98	566	2.5	71	10–20	0.6	卵石	0	0.154	0.014
S7	24.1	6.12	7.81	652	1.8	70	5–15	0.4	卵石	0	0.680	<0.01
S8	24.7	5.83	7.94	643	2.2	75	10–20	0.5	卵石	0	0.263	0.012
S9	16.0	11.95	9.79	318	—	66	10–15	0.0	淤泥	400	0.971	0.150
S10	17.8	7.44	7.95	507	—	64	5–15	0.0	淤泥	1000	0.285	0.012
S11	32.9	12.14	8.66	353	—	65	10–20	0.0	淤泥	1100	0.176	0.042
S12	27.3	7.32	8.16	502	—	67	10–25	0.0	淤泥	60	0.599	0.022

注：T为水温，DO为水体溶解氧质量浓度，pH为水体的pH值，Cond为水体的电导率，B为河宽，h_{SD}为水的透明度，h为水深，v为流速，B_{Mac}为沉水植物生物量，TN为总氮质量浓度，TP为总磷质量浓度，“—”表示未测该值。

表5.2给出了若尔盖湿地研究样点的环境参数，所有样点的pH值均大于7，河流、湖泊、湿地的水均呈弱碱性。河流的底质类型主要以卵石为主，河口位置由于泥沙沉积，底质为淤泥加细沙类型，穿过沼泽的小支流底质为腐殖质，主要组成成分为腐烂的草根等；牛轭湖和湿地的底质主要为淤泥、泥炭等泥质。所研究河流中无大型水生植物生长，而牛轭湖和湿地中均有大型水生植物生长。

表 5.2 若尔盖湿地研究样点环境参数

参数		白河	黑河	牛轭湖	湿地
T/℃	Mean±SE	19.67±1.99	16.43±1.17	22.73±2.64	20.3±2.6
	Min–Max	12.8–25.2	11.0–19.2	15.1–30.5	15.1–27.5
DO/（mg/L）	Mean±SE	6.42±0.16	6.46±0.28	8.47±0.95	7.86±1.23
	Min–Max	6.11–7.17	5.31–7.40	6.33–12.51	4.74–10.50
pH	Mean±SE	8.42±0.11	8.03±0.1	9.32±0.44	8.99±0.47
	Min–Max	8.2–8.75	7.75–8.28	8.11–10.75	8.02–10.01
Cond/（μS/cm）	Mean±SE	107.1±9.8	98.5±6.5	132±24.1	343.1±128.6
	Min–Max	83.5–137.4	79.7–118.6	66.8–228.0	62.7–628.0
h_{SD}/cm	Mean±SE	33±5	19±7	19±8	17±9
	Min–Max	20–50	4–40	5–50	15–60
h/cm	Mean±SE	25±6	15±4	26±5	15±5
	Min–Max	13–49	7–32	15–40	11–35
v/（m/s）	Mean±SE	0.41±0.14	0.38±0.14	0±0	0±0
	Min–Max	0.1–1.0	0.15–1.0	0–0	0–0
B_{Mac}/（g/m^2）	Mean±SE	0±0	0±0	1148±743	18666±9507
	Min–Max	0–0	0–0	120–4800	163–37000
TOC/（mg/L）	Mean±SE	5.39±0.1	5.59±0.36	7.86±1.33	11.46±4.72
	Min–Max	5.11–5.82	4.10–6.31	4.23–12.20	3.74–23.66
TN/（mg/L）	Mean±SE	0.184±0.019	0.257±0.034	0.387±0.087	0.327±0.127
	Min–Max	0.148–0.248	0.127–0.369	0.181–0.680	0.154–0.702
TP/（mg/L）	Mean±SE	0.037±0.008	0.047±0.017	0.054±0.012	0.069±0.018
	Min–Max	0.023–0.065	0.020–0.130	0.028–0.100	0.020–0.099
底质类型		卵石，淤泥+细沙	卵石，腐殖质	淤泥	淤泥

注：T 为水温，DO 为水体溶解氧质量浓度，pH 为水体的 pH 值，Cond 为水体的电导率，h_{SD} 为水的透明度，h 为水深，v 为流速，B_{Mac} 为沉水植物生物量，TOC 为总有机碳含量（代表水中的有机质含量），TN 为总氮质量浓度，TP 为总磷质量浓度。

2. 底栖动物组成

表 5.3 给出了兰木错曲的底栖动物种类名录，所有采样点共鉴定底栖动物 39 种，隶属于 23 科 36 属。其中，线虫纲 1 种，寡毛纲 2 种，双壳纲 1 种，腹足纲

2种，甲壳纲2种，蛛形纲1种，昆虫纲30种。兰木错曲底栖动物以水生昆虫为主，物种百分比超过75%，其次为寡毛纲、腹足纲、甲壳纲，物种百分比均为5.1%，线虫纲、双壳纲和蛛形纲最少，物种百分比均为2.6%。

表5.3 兰木错曲底栖动物种类名录

门	科	主流				支流				牛轭湖			
		S1	S2	S3	S4	S5	S6	S7	S8	S9	S10	S11	S12
线虫动物	线虫纲一科	0	0	0	0	0	0	u	0	0	0	0	0
环节动物门	颤蚓科	0	0	1	1	0	0	0	0	0	1	0	0
软体动物门	球蚬科	0	0	0	0	0	0	0	0	1	0	1	1
	扁卷螺科	0	0	0	0	0	0	0	0	0	0	1	1
	椎实螺科	0	0	0	0	0	0	0	0	1	1	1	1
节肢动物	贝甲目一科	u	u	0	0	0	0	u	0	0	0	0	0
	钩虾科	u	u	u	u	u	u	u	u	0	0	0	0
	螨形目一科	u	u	0	0	u	0	u	0	u	0	0	0
	四节蜉科	2	2	2	2	2	1	2	1	0	0	0	0
	扁蜉科	1	1	1	1	1	2	1	0	0	0	0	0
	原石蛾科	0	1	1	1	0	0	0	1	0	0	0	0
	剑石蛾科	0	1	1	0	1	1	0	0	0	0	0	0
	短石蛾科	1	1	1	0	0	1	1	1	0	0	0	0
	纹石蛾科	1	1	1	0	0	0	0	0	0	0	0	0
	沼石蛾科	1	0	0	0	1	1	1	0	0	0	0	0
	石蝇科	1	1	1	0	0	0	0	0	0	0	0	0
	短尾石蝇科	1	1	1	1	1	1	1	1	0	0	0	0
	长角泥甲科	1	1	1	0	1	1	1	1	0	0	0	0
	叶甲科	0	0	0	0	0	0	0	0	u	u	u	u
	龙虱科	0	0	0	0	0	0	0	0	1	0	0	0
	大蚊科	1	2	1	1	1	0	3	0	0	0	0	0
	伪鹜虻科	u	u	0	u	0	0	u	0	0	0	0	0
	摇蚊科	2	0	1	2	3	1	3	1	2	3	1	1

注：u表示没有鉴定到属或者种，下划线的数据是属数。

表5.4给出了若尔盖湿地的底栖动物种类名录，所有采样点共鉴定底栖动物72种，隶属于35科67属。其中，线虫纲1种，寡毛纲3种，双壳纲1种，腹足纲4种，甲壳纲4种，蛛形纲1种，昆虫纲63种。若尔盖湿地底栖动物以水生昆

虫为主，昆虫纲物种百分比超过 85%，其次为腹足纲、甲壳纲，物种百分比均为 5.6%，寡毛纲物种百分比为 4.2%，线虫纲、双壳纲和蛛形纲最少，物种百分比均为 1.4%。

表 5.4　若尔盖湿地底栖动物种类名录

门	科	种（属）数			
		白河	黑河	牛轭湖	湿地
线虫动物门	线虫纲一科	u	0	u	0
环节动物门	颤蚓科	1	1	1	2
	仙女虫科	1	0	0	0
软体动物门	扁卷螺科	1	0	2	1
	椎实螺科	1	0	2	2
	球蚬科	0	0	1	1
节肢动物门	贝甲目一科	0	0	0	u
	枝角目一科	0	0	u	u
	哲水蚤目一科	0	0	u	u
	钩虾科	1	1	1	0
	螨形目一科	u	u	u	u
	长跳目一科	0	0	u	0
	四节蜉科	1	1	0	0
	扁蜉科	1	1	0	0
	小蜉科	2	1	0	0
	网襀科	1	1	0	0
	短尾石蝇科	1	1	0	0
	带襀科	1	0	0	0
	沼石蛾科	1	1	0	1
	短石蛾科	2	2	0	0
	纹石蛾科	2	0	0	0
	龙虱科	0	0	3	4
	沼梭科	0	0	1	0
	叶甲科	0	0	u	u
	水龟甲科	0	u	0	u
	箭蜓科	2	0	0	0

续表

门	科	种（属）数			
		白河	黑河	牛轭湖	湿地
节肢动物门	丝蟌科	0	0	<u>1</u>	0
	蜻科	0	0	0	<u>1</u>
	划蝽科	0	0	<u>1</u>	<u>1</u>
	宽肩蝽科	0	0	0	u
	大蚊科	<u>2</u>	<u>1</u>	0	0
	水蝇科	0	0	<u>1</u>	0
	伪鹬虻科	0	1	0	0
	蠓科	u	0	0	0
	摇蚊科	<u>9</u>	<u>5</u>	<u>10</u>	<u>6</u>

注：u表示没有鉴定到属或者种，下划线的数据是属数。

黄河源区单一采样点的底栖动物多样性比较低，兰木错曲和若尔盖湿地底栖动物单点物种数最大为19，但是在流域尺度上，底栖动物整体多样性远高于单一样点，兰木错曲底栖动物物种总数为39，若尔盖湿地底栖动物物种总数为72。单一样点的生物多样性低，一方面可能由于源区的气候寒冷，平均气温低。研究表明，水温是影响底栖动物群落的一个重要环境因子（Lessard and Hayes，2003）；另一方面可能是由于源区底栖动物的栖息环境单一，尤其是河流中，沉水植物少，栖息地异质性差，支撑不了多样的底栖动物群落（Beisel et al.，2000；Downes et al.，2000）。而在流域的尺度上，黄河源区地形复杂，不同样点水体的环境梯度大，底栖动物组成差异大，因此流域的底栖动物多样性要远高于单一样点的多样性。

3. 底栖动物DCA排序

图5.6给出了兰木错曲12个采样点底栖动物的DCA排序图，不同水体的底栖动物群落出现明显的聚集，其中牛轭湖的底栖动物群落与主流和支流的显著不同，主流同支流的底栖动物差异相对较小。第一轴和第二轴的特征值分别为0.972和0.229，第一轴对群落变化的解释率为37.0%，第二轴对群落变化的解释率为8.7%。根据样本的聚类特征、表5.1的环境因子以及各种水体的水文连通特征进行分析；第一轴可能反映了底栖动物群落沿底质、水文连通性梯度上的排列，第

二轴可能代表了电导率等水环境参数的变化。

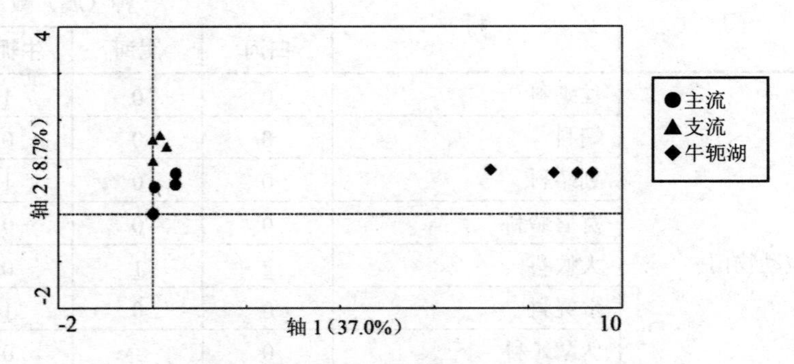

图 5.6 兰木错曲底栖动物的 DCA 排序图

从一定程度上而言，底质与水文连通性有着密不可分的联系。弯曲河流裁弯后，主流行走新河道，原河道成为低流速区，水流挟沙能力降低，悬移质沿程淤积，经过长期演变，形成了牛轭湖（李志威 等，2012）。可以说，在自然演变过程中，水文连通性的降低是牛轭湖底质改变的主要原因。因此，我们认为水文连通性是造成兰木错曲不同水体之间底栖动物群落差异的主要原因，是 DCA 排序图中引起第一轴变化的环境因素。

图 5.7 给出了若尔盖湿地 23 个采样点底栖动物的 DCA 排序图，第一轴特征值为 0.863，第二轴特征值为 0.480。对比表 5.2 的环境参数及各种水体的水文连通特征，第一轴代表了与主流水文连通性的变化，对底栖动物群落变化的解释率为 18.3%。第二轴代表的可能是水体电导率、TOC 的变化，对底栖动物群落变化的解释率为 10.2%。电导率和总有机碳（TOC）对底栖动物的影响方式为：电导率能够影响底栖动物的生长（Kefford，1998），另外，电导率也可能会影响水生藻类的生长（Tang et al.，2004），从而影响底栖动物的食物来源。总有机碳（TOC）代表了有机质的含量，有机质的矿化能为藻类和浮游植物提供营养，另外，有机质也会影响藻类和大型水生植物的光合作用（Steinberg et al.，2006；赵伟 等，2011），因此会对底栖动物产生影响。

兰木错曲和若尔盖湿地的 DCA 排序图表明，水文连通性是影响河岸带不同水体底栖动物群落差异的主要因素，这主要是由于与主流的水文连通促进了泥沙、有机质、营养物质和生物的交换（Tockner，1999），因此连通程度不同，底栖动物群落也呈现不同。

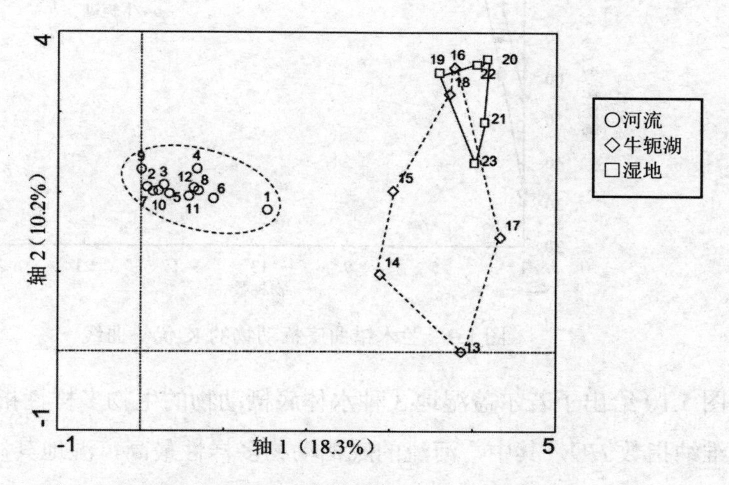

图 5.7　若尔盖湿地底栖动物的 DCA 排序图

4. 底栖动物多样性

图 5.8 给出了兰木错曲各样点底栖动物的物种丰度 *S*，图 5.9 给出了兰木错曲河流和牛轭湖的 K-优势曲线。根据物种丰度 *S* 和 K-优势曲线可知，河流的底栖动物多样性高于牛轭湖的多样性。

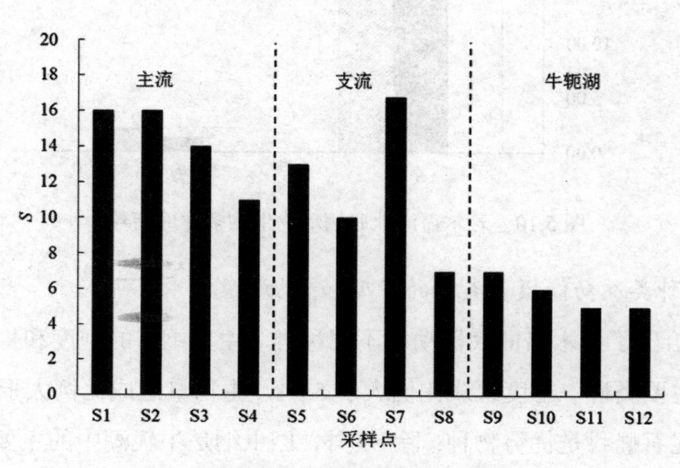

图 5.8　兰木错曲底栖动物物种丰度 *S*

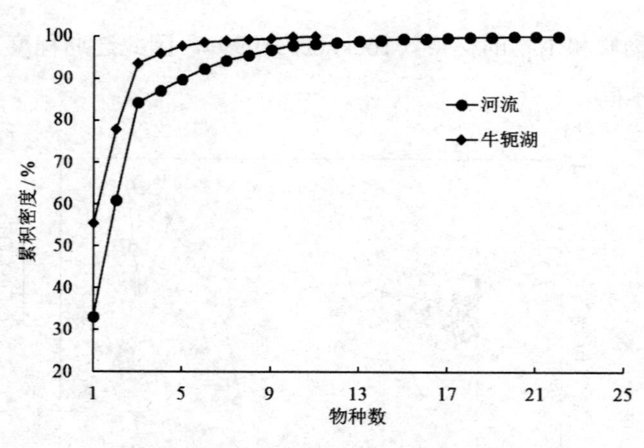

图 5.9 兰木错曲底栖动物的 K-优势曲线

图 5.10 给出了若尔盖湿地 3 种水体底栖动物的生物多样性指数（物种丰度 *S*、香农维纳指数 *H'*），其中，河流的底栖动物多样性最高，湿地其次，牛轭湖最低。

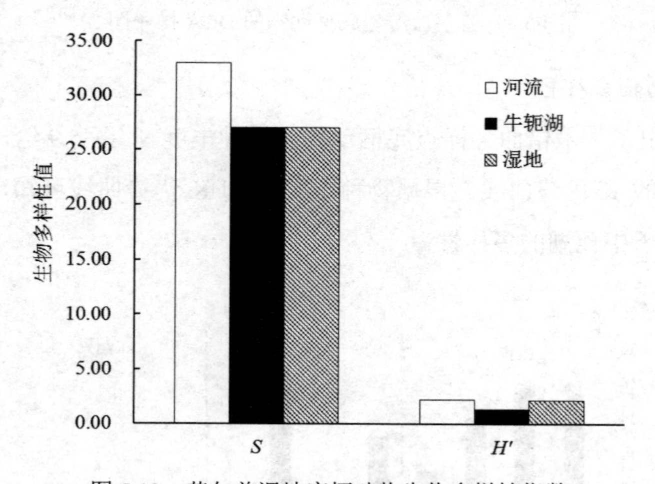

图 5.10 若尔盖湿地底栖动物生物多样性指数

5. 不同种类及功能摄食类群的密度和生物量

图 5.11 给出了兰木错曲底栖动物不同种类（主要纲）的密度和生物量。昆虫纲是河流的主要类群，密度组成比例大于 53%，生物量组成比例大于 42%，其中扁蜉科和短尾石蝇科是优势物种；除 S9 外，昆虫纲是牛轭湖中的主要类群，密度组成比例大于 85%，生物量组成比例大于 46%，其中叶甲科和摇蚊科是优势物种。

河流中没有腹足纲生存，牛轭湖中则没有甲壳纲生存。S9 比较特殊，该点出现了大量的河蚬，这是因为该点附近有挖沙活动，导致该点底质中含有细沙，为河蚬的生存提供了适宜的环境。

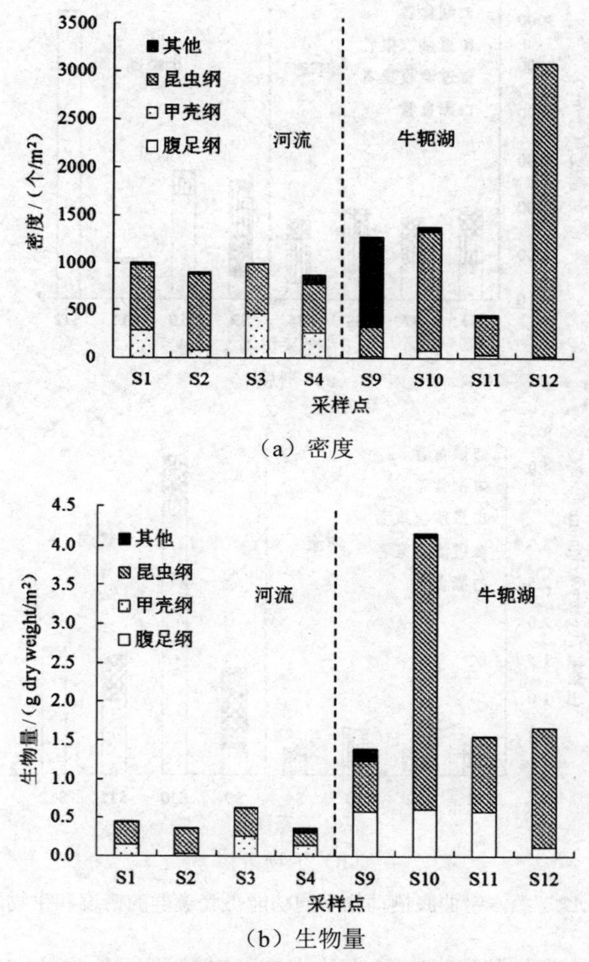

（a）密度

（b）生物量

图 5.11　兰木错曲底栖动物不同种类的密度和生物量

图 5.12 给出了兰木错曲底栖动物不同功能摄食类群的密度和生物量。河流中的功能摄食类群组成比例比较均匀，其中撕食者、直接收集者和刮食者的比例较大，其密度比例之和超过了 90%，生物量比例之和超过了 73%；牛轭湖中的功能

摄食类群组成则相对单一，除 S9 点，牛轭湖中撕食者的比例最大，密度比例超过了 82%，生物量比例超过了 62%。

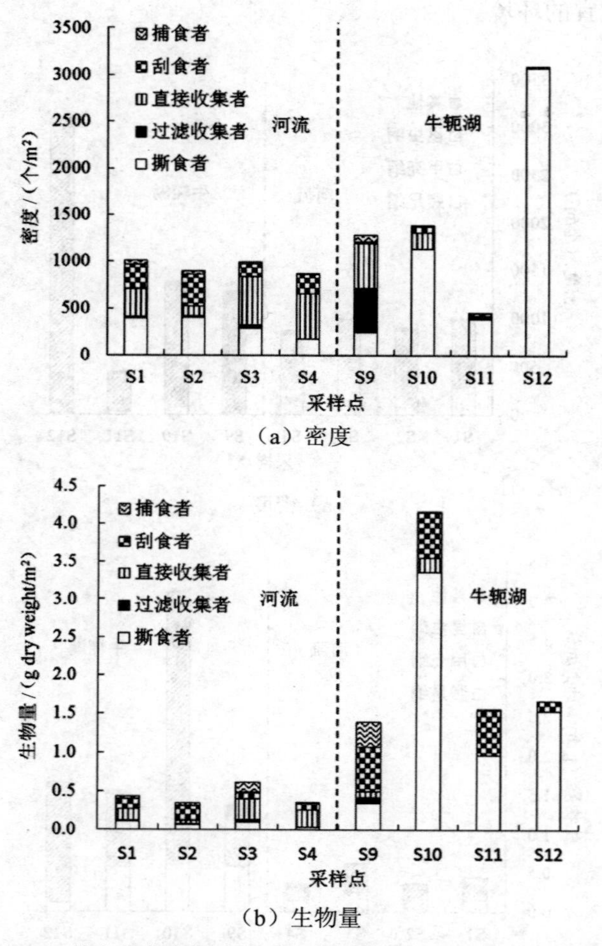

（a）密度

（b）生物量

图 5.12 兰木错曲底栖动物不同功能摄食类群的密度和生物量

图 5.13 给出了若尔盖湿地 3 种水体中底栖动物不同种类的密度和生物量，昆虫纲是河流中的优势物种，密度为 98 个/m^2，占底栖动物总密度的 69.9%，生物量为 0.0881 g dry weight/m^2，占底栖动物总生物量的 68.0%；昆虫纲和寡毛纲是牛轭湖中的优势物种，密度分别为 173 个/m^2 和 155 个/m^2，分别占底栖动物总密度的 49.6%和 37.0%，生物量分别为 0.1577 g dry weight/m^2 和 0.0891 g dry weight/m^2，分别占底栖动物总生物量的 56.8%和 32.1%；昆虫纲和甲壳纲是湿地中的优势物种，密度分别为173个/m^{2}和177个/m^2，分别占底栖动物总密度的35.7%和 36.7%，生物量分别为 0.1749 g dry weight/m^2 和 0.0173 g dry weight/m^2，分别占底栖动物总生物量的 56.3%和 5.6%，甲壳纲的生物量偏低是由于甲壳纲基本上是贝甲目、枝角目和哲水蚤目等个体较小的生物，重量较低。因为河流不能为腹足纲提供适宜的生活条件，如没有水生植物供其栖息和刮食，所以河流中没有出现腹足纲。河流中的底质为卵石底质，不能为寡毛纲提供松软的底质，因此河流中的寡毛纲也很少，仅占底栖动物总密度的 0.02%，占底栖动物总生物量的 0.84%。在河流、牛轭湖和湿地中，腹足纲的密度和生物量逐渐增加。

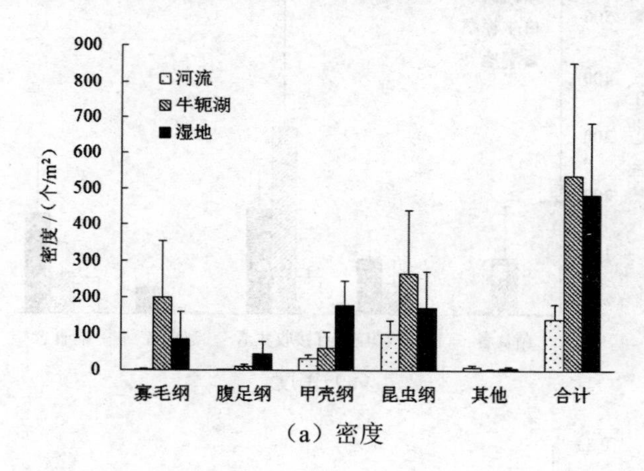

（a）密度

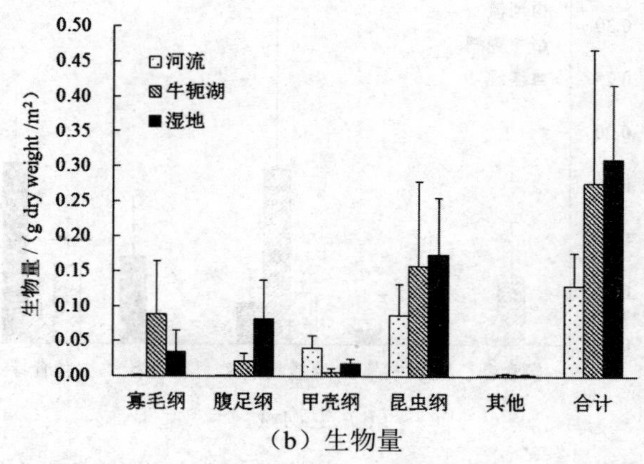

（b）生物量

图 5.13　若尔盖湿地底栖动物不同种类的密度和生物量

图5.14给出了若尔盖湿地3种水体中底栖动物不同功能摄食类群的密度和生物量。直接收集者和捕食者是河流中的优势类群，密度上分别占底栖动物总密度的45.0%和43.4%，生物量上分别占底栖动物总生物量的37.3%和57.3%。直接收集者是湖泊中的优势类群，密度上占底栖动物总密度的 58.3%，生物量上占底栖动物总生物量的 59.5%。捕食者是湿地中的优势类群，密度上占底栖动物总密度的 34.4%，生物量上占底栖动物总生物量的 54.5%。从河流、牛轭湖到湿地，过滤收集者和刮食者的密度和生物量逐渐增加。

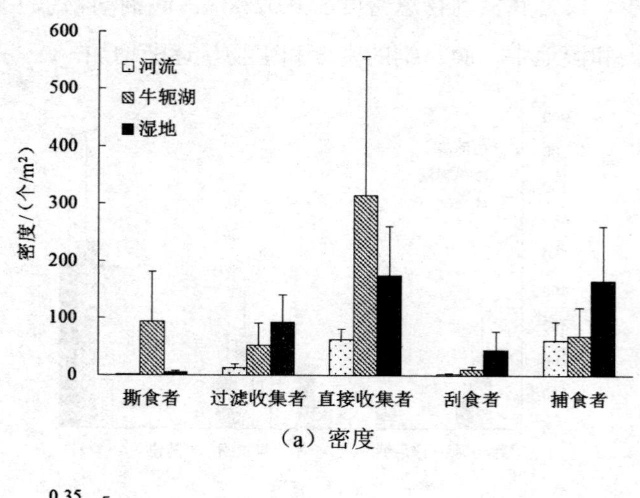

（a）密度

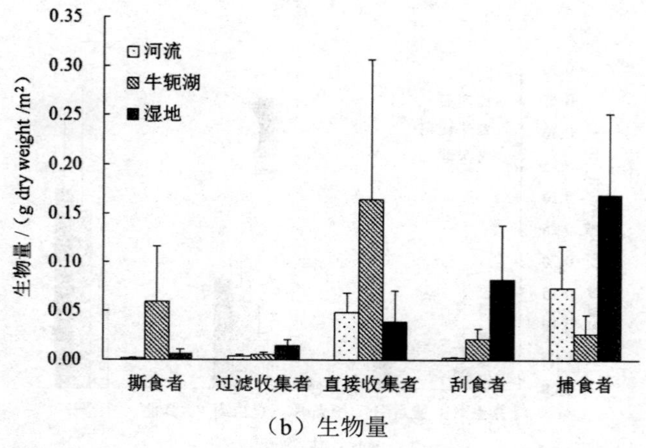

（b）生物量

图 5.14 若尔盖湿地底栖动物不同功能摄食类群的密度和生物量

6. 若尔盖湿地河流的生态特征

若尔盖湿地特殊的地质条件和地理位置为底栖动物提供了特殊的生境，如图 5.15 所示，若尔盖湿地泥炭含量丰富，河流流经泥炭地带走大量泥炭颗粒，这些颗粒一方面降低了河水的透明度，影响光照和底栖动物食物来源，另一方面又会在低流速区沉积，降低卵石河床底质的孔隙率，影响了微栖息地的多样性；另外，由于溯源侵蚀（图 5.16），若尔盖湿地有些河流切穿了泥炭层（图 5.17），泥炭层的存在有助于抵抗河流下切，但是一旦泥炭层被切穿，河流的下切将加剧，加快了河床演变，降低了底栖动物栖息地稳定性。因此，若尔盖湿地河流的底栖动物及生态应该存在其特殊性。

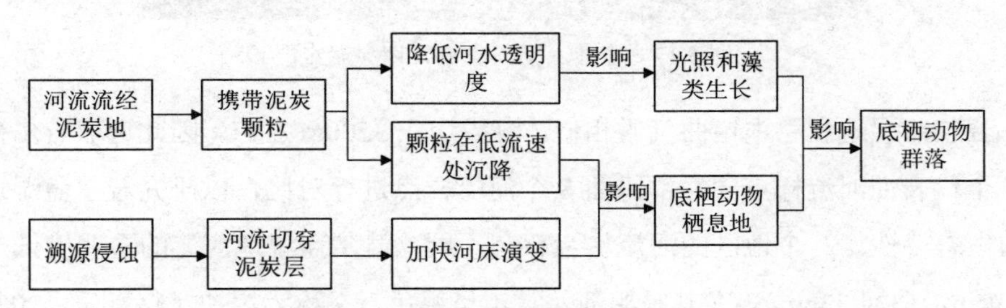

图 5.15　若尔盖河流的生境条件

图 5.16　若尔盖湿地内的溯源侵蚀

图 5.17　麦曲（黑河支流）切穿泥炭层

若尔盖湿地和兰木错曲气候相似，海拔均在 3500m 左右，因此选取若尔盖湿地 8 个代表性河流样点同兰木错曲 8 个河流样点进行对比，以研究若尔盖湿地河流的生态特性。2 个地区的河流生境存在不同：若尔盖湿地河流的透明度低（黑河 19cm，白河 33cm），尤其是黑河，常年呈黑色，又称为墨曲（赵资乐，2005），而兰木错曲的水质透明，透明度达 65cm；另外，如图 5.15 所示，若尔盖湿地河流的栖息地稳定性和微栖息地多样性均比兰木错曲差。图 5.18 给出了若尔盖河流和兰木错曲的底栖动物 α-多样性，由图可知，若尔盖河流底栖动物的 α-多样性低于兰木错曲。

经计算若尔盖河流底栖动物的 β-多样性为 3.41，兰木错曲的 β-多样性为 2.13，若尔盖河流的 β-多样性高于兰木错曲。这可能是因为若尔盖湿地河流中河床底质多样，既有泥炭底质，也有自然状态的卵石加沙底质，还有被泥炭颗粒淤积的卵石底质，环境梯度大，差异明显；而兰木错曲的底质均是正常的卵石夹沙底质，环境梯度小。

EPT 是指蜉蝣目（Ephemeroptera）、襀翅目（Plecoptera）和毛翅目（Trichoptera）的总称，这三类底栖动物对环境变化反应敏感，因此可用这三类生物的生存现状来反映两个区域河流的环境差异。表 5.5 给出了若尔盖河流和兰木错曲 EPT 的物种丰度、密度和生物量，若尔盖河流 EPT 的物种丰度、密度和生物量远低于兰木错曲。

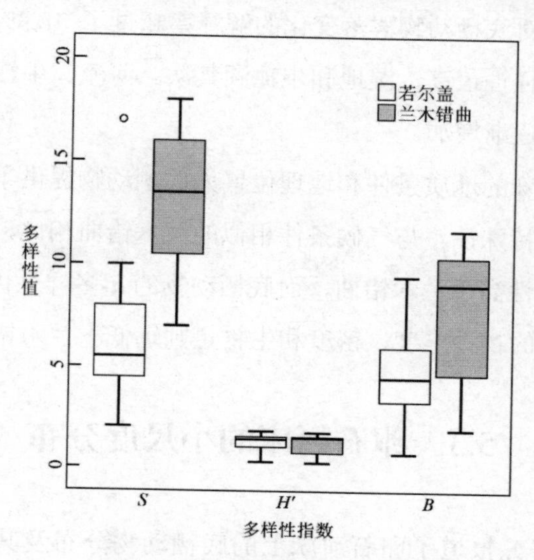

图 5.18 底栖动物 α-多样性

表 5.5 EPT 的物种丰度、密度和生物量

区域	参数	样点 1	样点 2	样点 3	样点 4	样点 5	样点 6	样点 7	样点 8	平均
若尔盖河流	物种丰度	1	8	3	1	1	5	0	2	3
	密度/（个/m^2）	2	94	7	4	24	18	0	2	19
	生物量/（g dry weight/m^2）	0.001	0.145	0.004	0.002	0.020	0.010	0.000	0.0004	0.023
兰木错曲	物种丰度	8	9	9	5	6	7	6	4	7
	密度/（个/m^2）	660	765	492	492	51	262	39	46	351
	生物量/（g dry weight/m^2）	0.253	0.293	0.356	0.136	0.027	0.307	0.023	0.065	0.182

5.2.3 小结

黄河源具有丰富的弯曲河流及其他多种河型，源区气候寒冷，生境单一，单点的底栖动物多样性比较低，但是由于地形复杂，水体之间环境梯度大，在流域尺度上，底栖动物多样性远高于单一样点。

弯曲河流是一种生态状况非常良好的河型，经过长期演变，在弯曲河流河岸带间发育有多样水体，水文连通性是引起高原地区河岸带不同水体底栖动物群落变化的主要原因，对底栖动物群落变化的解释率超过了 18.3%。对于不同水体，河流的底栖动物多样性最高，湿地和牛轭湖其次。河流、牛轭湖和湿地中，腹足纲的密度和生物量逐渐增加。

若尔盖湿地特殊的地质条件和地理位置为底栖动物提供了特殊的生境，该地区的河流生态存在特殊性。与气候条件相似的兰木错曲相比，若尔盖湿地河流中底栖动物的 β-多样性高于兰木错曲，而底栖动物的 α-多样性以及 EPT（蜉蝣目、襀翅目、毛翅目）的物种丰度、密度和生物量则远低于兰木错曲。

5.3 卵石河床的小尺度分布

国内外很多研究报道了卵石河床上的底栖动物分布及其影响因素（段学花 等，2007；Rice et al.，2018；李艳利 等，2015）。在自然状态的卵石河床上，底栖动物以水生昆虫为主，包括蜉蝣、石蛾、石蝇等，卵石河床上底栖动物分布受流速、水质、水温、电导率、海拔和河床稳定性等因素的影响（Zhao et al.，2015；于帅 等，2017；Wieczorek et al.，2018；Beisel et al.，1998；Čiamporová-Zaťovičová et al., 2010）。关于卵石河床上底栖动物分布的大部分报道基于大尺度（如河流或流域）研究，对小尺度上底栖动物分布的报道相对较少，并且认知不深（Douglas and Lake，1994）。Douglas and Lake 对单个卵石上底栖动物的研究表明，底栖动物物种数与卵石表面积之间存在较强的幂函数关系（Douglas and Lake，1994），而 Heino and Korsu 的研究则表明，在单个卵石上，物种-面积之间的相关关系很弱（Heino and Korsu，2008）。国内对小尺度卵石上底栖动物群落的研究基本空白，仅王强等（2011）对西南山区大圆石（平均粒径 214.7mm）和小圆石（平均粒径 122.3mm）上的底栖动物群落进行研究，结果表明，大圆石上昆虫群落多样性和丰富度明显高于小圆石。

本研究于 2012 年 7 月和 2013 年 6 月选取黄河源区处于自然状态的卵石河床，通过野外调查采样，研究了底栖动物在单个卵石上的分布特征及其物种数、个体数与卵石面积的关系，并阐释了底栖动物在大卵石层和卵石夹沙层中的群落特征，为河流的生态健康保护和管理提供了科学参考。

5.3.1 研究区域与方法

1. 研究区域

兰木错曲位于青海省东南部，是黄河源区的一条支流，与永曲在河南县多松乡下游汇合后流入黄河，兰木错曲为弯曲型河流，河床为典型的卵石河床。该区域属于高原大陆性气候，气候特点明显，每年5～10月份温暖多雨，11月至次年4月份寒冷干燥。年均气温为9～15℃，年均降水量为597～615mm。2012年7月和2013年6月对兰木错曲6个样点（S1～S6）进行野外调查测量和底栖动物采样，研究区域及采样点分布如图5.19所示。

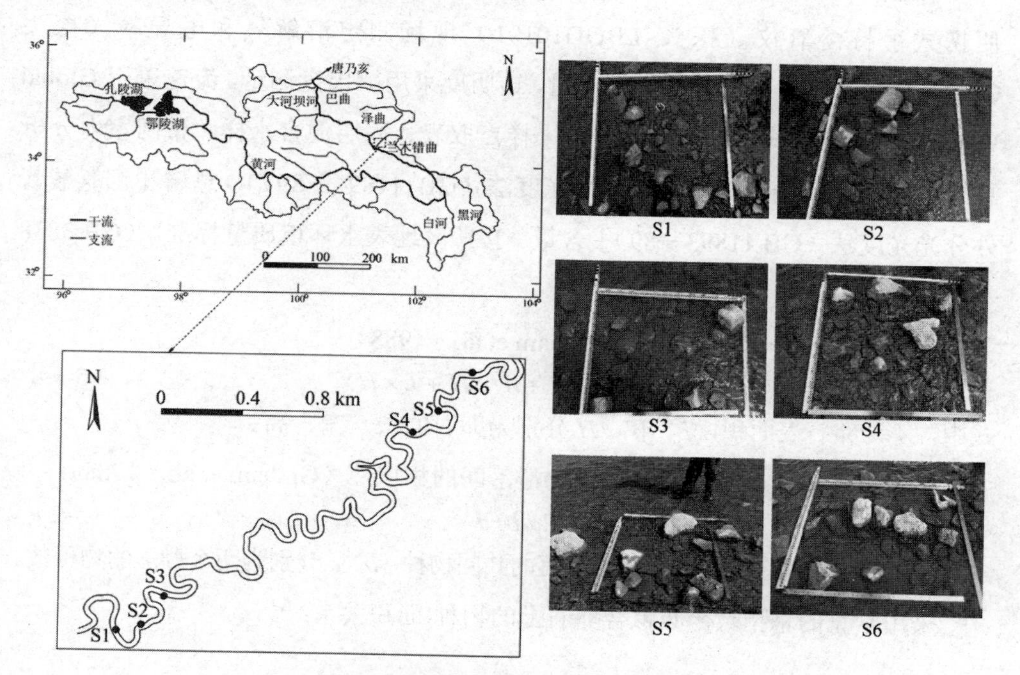

图5.19 研究区域及采样点布置图

2. 研究方法

2012年7月和2013年6月在兰木错曲生境基本一致的2个河段进行试验，每个河段各设 3 个采样点，共 6 个采样点，每个采样点面积为 $1\times1m^2$，在 6 个采样点，9cm 以下为均匀的卵石夹沙底质，9cm 以上（包括 9cm）为随机分布的大卵石，选择 9cm 作为卵石夹沙和大卵石的分界粒径。为了防止大卵石上的底栖动物随水流漂走，在采样前将 $1\times1m^2$ 面积隔离出来，尽量保证采样区域内的流速为 0。

在每个采样点，将不小于 9cm 的大卵石迅速翻起，然后放入桶中清洗，再将桶中的水经 0.45mm 的钢网筛过滤后，将钢网筛内动物和其他杂质放入封口袋中，并用尺量法测量卵石粒径；对小于 9cm 的卵石夹沙底质，采用踢网法采集底栖动物，经 0.45mm 的钢网筛过滤后，将钢网筛内动物和其他杂质放入封口袋中。将封口袋带回室内于白瓷盘中挑选底栖动物样本，所得样本用 75%的酒精固定，带回实验室进行鉴定、计数，尽量鉴定至属或种。

水温及 pH 采用 Hanna HI98128 笔式 pH 计现场测量。采用 HACH HQd-40 便携式手持溶氧仪（探头 LBOD10101）现场测定溶解氧和电导率（探头 CDC40101）测量。水深采用钢尺测量，透明度采用萨氏盘测量，流速采用 Global Water FP111 旋桨式流速仪测量。在采样点取表、底层混合水样，带回室内分析总氮［碱性过硫酸钾消解紫外分光光度法（GB 11894—89）］、总磷［钼氨酸紫外分光光度法（GB 11893—89）］含量。按照《地表水环境质量标准》（GB 3838—2002）对水质进行划分。

卵石的表面积计算公式为（Graham et al.，1988）：

$$A = 1.15\times(L\times W + W\times H + L\times H) \tag{5-1}$$

式中，A 为卵石表面积，L、W、H 分别为卵石的长、宽、高。

采用 Sørensen 指数计算底栖动物群落间的相似性（Graham et al.，1988）：

$$\mathrm{SC}=2a/b+c \tag{5-2}$$

式中，SC 为相似性系数，a 为两个群落的共同物种，b、c 分别为两个群落的物种数。

采用常见的幂指数函数拟合卵石上的物种-面积关系：

$$S=c\cdot A^z$$

式中，S 为物种数，A 为采样面积（m^2），c、z 为常数。

利用 SPSS18.0 统计学软件分析表面积 A、物种数 S 和个体数 N 的相关性，并对回归方程进行 F 检验，$P<0.01$ 说明回归方程具有极显著性意义。

5.3.2 结果

1. 环境参数

表5.6给出了兰木错曲各样点的水环境参数，6个样点的水环境差异不大，其中pH范围为8.20～8.36，天然水中溶有各种矿物质离子，呈弱碱性；溶解氧含量范围为7.04～7.7mg/L，水体基本处于饱和溶解氧状态；电导率范围为414～462μS/cm，水中含盐量相对较少。根据总氮、总磷和溶解氧浓度对各样点的水质进行划分，研究河段基本处于自然状态，水质为II类。

表5.6 兰木错曲采样点环境参数

样点	T/°C	pH	DO/ $mg\cdot L^{-1}$	Cond/ $\mu s\cdot cm^{-1}$	H/m	h_{SD}/m	v/ ($m\cdot s^{-1}$)	底质	TN/ ($mg\cdot L^{-1}$)	TP/ ($mg\cdot L^{-1}$)	水质
S1	15.5	8.25	7.42	414	0.05～0.10	0.70	0.10	卵石加沙	0.130	0.014	II
S2	18.5	8.24	7.04	440	0.05～0.15	0.66	0.12	卵石加沙	0.125	0.017	II
S3	14.9	8.31	7.63	432	0.10～0.20	0.65	0.15	卵石加沙	0.276	0.023	II
S4	12.8	8.36	7.70	456	0.10～0.15	0.65	0.05	卵石加沙	0.281	<0.01	II
S5	16.2	8.20	7.23	462	0.05～0.15	0.72	0.20	卵石加沙	0.186	0.020	II
S6	15.8	8.26	7.56	445	0.10～0.15	0.69	0.17	卵石加沙	0.201	0.015	II

注：T为水温，pH为水体pH值，DO为水体溶解氧浓度，Cond为水体电导率，H为水深，h_{SD}为水的透明度，v为流速，TN为总氮浓度，TP为总磷浓度。

2. 底栖动物的组成

表5.7给出了兰木错曲各样点的底栖动物种类名录，6个采样点共采集底栖动物16科28属。其中，寡毛纲1种，蛛形纲1种，甲壳纲1种，昆虫纲25种。在物种数上，兰木错曲以水生昆虫为主。图5.20给出了兰木错曲各采样点的底栖动物物种丰度和密度，物种丰度最低为13，最高为16；密度最低为868个/m^2，最高为977个/m^2。6个样点间的物种组成、物种丰度和密度差别不明显。

表5.8给出了6个样点之间的Sørensen相似性系数，S2与S4间的相似性最低，为0.621，S5与S6间的相似性最高，为0.828，群落间相似性在0.621～0.828之间，6个样点底栖动物群落间的相似性非常高。

表 5.7 兰木错曲底栖动物种类名录

门	纲	目	科	种（属）数					
				S1	S2	S3	S4	S5	S6
环节动物门	寡毛纲	颤蚓目	颤蚓科	(1)	(1)	0	(1)	(1)	0
节肢动物门	蛛形纲	螨形目	螨形目一科	u	0	u	0	u	0
	甲壳纲	端足目	钩虾科	u	u	u	u	u	u
	昆虫纲	蜉蝣目	四节蜉科	2	2	2	1	1	1
			扁蜉科	1	1	1	1	1	1
		襀翅目	石蝇科	1	1	1	1	1	1
			短尾石蝇科	1	1	1	1	1	1
		毛翅目	纹石蛾科	0	0	0	1	0	0
			短石蛾科	1	1	1	1	1	1
			沼石蛾科	(1)	(1)	(2)	(3)	(3)	(3)
		鞘翅目	长角泥甲科	1	1	1	1	1	1
			龙虱科	0	0	1	0	0	0
		半翅目	宽肩蝽科	0	0	0	u	0	0
		双翅目	伪鹬虻科	u	0	0	u	0	u
			大蚊科	0	(1)	(1)	0	0	0
			摇蚊科	(4)	(2)	(3)	(2)	(3)	(3)
合计				16	13	16	16	15	14

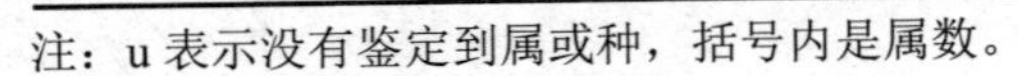
注：u 表示没有鉴定到属或种，括号内是属数。

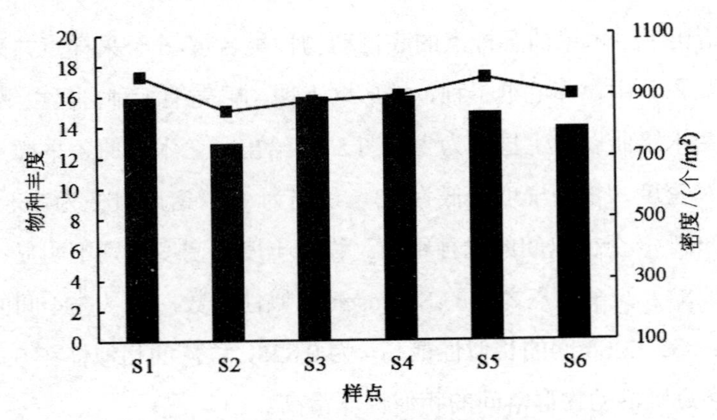

图 5.20 兰木错曲各样点底栖动物的物种丰度和密度

表 5.8 采样点群落间的 Sørensen 相似性系数

样点	S1	S2	S3	S4	S5	S6
S1	1.000	0.759	0.688	0.625	0.710	0.667
S2	—	1.000	0.759	0.621	0.786	0.741
S3	—	—	1.000	0.625	0.774	0.733
S4	—	—	—	1.000	0.710	0.733
S5	—	—	—	—	1.000	0.828
S6	—	—	—	—	—	1.000

3. 底栖动物物种数、个体数与卵石表面积的关系

由上述分析可知，6 个采样点间的环境参数相似，生境基本一致，底栖动物群落密度和物种丰度差别不明显，群落间相似性非常高。为了分析卵石粒径、表面积与底栖动物个体数和物种数之间的关系，从 6 个采样点中选取 20 颗代表卵石（粒径≥9cm）进行研究，统计其粒径 D、表面积 A、物种数 S 和生物个体数 N，将统计结果作图可得物种数—面积、个体数—面积、物种数—个体数关系，如图 5.21 所示。将表面积 A、物种数 S 和个体数 N 分别取对数后做线性回归，可得物种数、个体数、卵石表面积之间的关系方程，如表 5.9 所列。由图和方程可知，随着卵石表面积的增加，卵石上底栖动物的物种数和个体数呈幂指数增加，表 5.9 中各方程的参数之间相关性较高（$R^2 \geqslant 0.589$，$p<0.01$）。

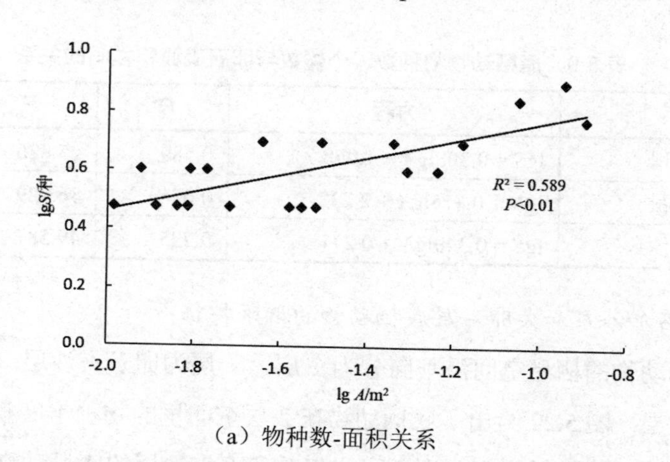

（a）物种数-面积关系

图 5.21 卵石上底栖动物物种数、个体数与卵石表面积的关系

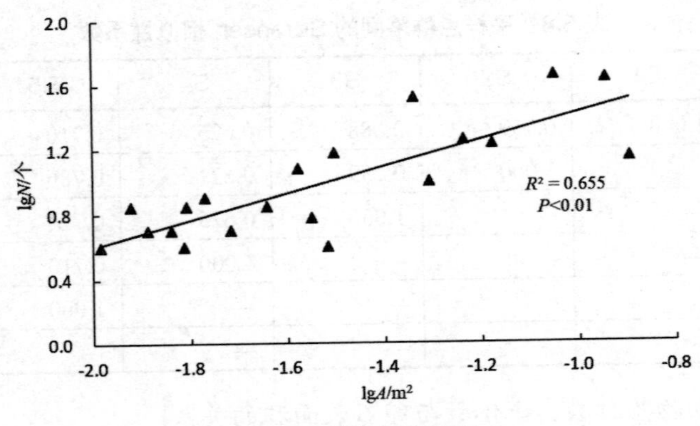

（b）个体数-面积关系

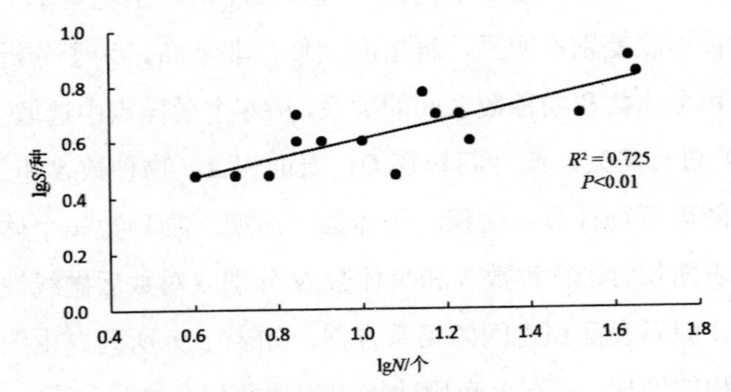

（c）物种数-个体数关系

图 5.21　卵石上底栖动物物种数、个体数与卵石表面积的关系（续图）

表 5.9　底栖动物物种数、个体数与卵石表面积之间的关系

关系	方程	R^2	F	P
物种数—面积	$\lg S = 0.308\lg A + 1.078$	0.589	25.826	<0.01
个体数—面积	$\lg N = 0.815\lg A + 2.232$	0.655	36.729	<0.01
物种数—个体数	$\lg S = 0.340\lg N + 0.271$	0.725	49.587	<0.01

4. 卵石加沙层和大卵石层底栖动物的群落特征

将底栖动物的栖息空间沿垂向分为 2 层，一层为卵石夹沙层，一层为随机分布的大卵石层。图 5.22 给出了底栖动物在 2 层空间里的物种丰度和密度，卵石夹沙层和大卵石层的物种丰度差别不大，但是卵石夹沙层的底栖动物密度却远高于

大卵石层。其主要原因为，兰木错曲钩虾是优势物种，密度很大，钩虾喜欢生活在沙中，所以卵石夹沙层的密度远大于大卵石层。

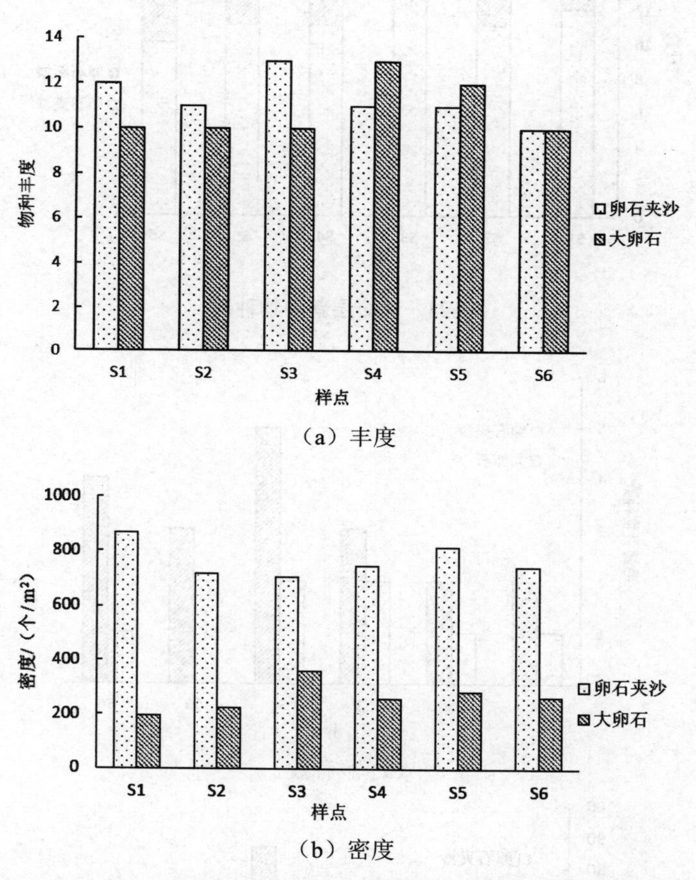

（a）丰度

（b）密度

图 5.22 卵石夹沙层和大卵石层的底栖动物丰度和密度

对比卵石加沙层和大卵石层的底栖动物群落，大卵石层生存有卵石夹沙层中没有的生物，图 5.23 给出了卵石层新增物种数图。大卵石层对提高生物多样性有明显作用，对物种数的提高程度在 18.2%～45.5%。大卵石不易随着水流运动，更稳定，所以更适合某些附石类底栖动物生存，尤其是毛翅目。图 5.24 给出了卵石夹沙层和大卵石层毛翅目的物种数和密度，大卵石层毛翅目的物种数和密度均高于卵石夹沙层，毛翅目更倾向于栖息在大卵石层。

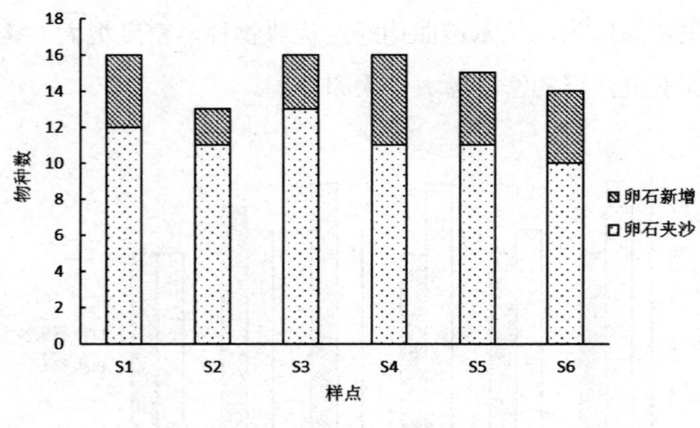

图 5.23　卵石层新增物种数

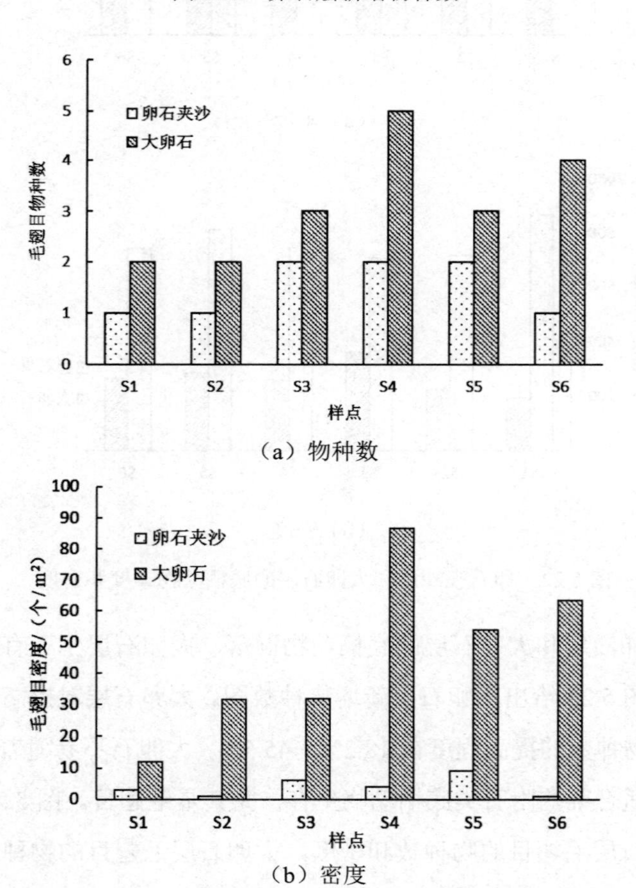

图 5.24　卵石夹沙和大卵石层毛翅目的物种数和密度

5.3.3 讨论

1. 高原河流水生态特点

兰木错曲为卵石河床，本研究中底栖动物平均物种丰度为15，流经北京郊区的拒马河也为卵石河床，其底栖动物平均物种丰度为25，远高于兰木错曲。两条河流研究断面的流速相近（兰木错曲：0.05～0.2m/s；拒马河：0.1～0.4m/s），研究河段均属于自然状况河段，受人类活动干扰小，而拒马河的平均物种丰富度远高于兰木错曲（徐梦珍 等，2012）。兰木错曲属于高原河流，海拔为3500m左右，而拒马河海拔低于500m，可见海拔高度对底栖动物的分布有重要影响，对欧洲特拉山海拔1700～2200m范围内的高原湖泊中的底栖动物群落研究发现，底栖动物物种丰度随高程降低呈现明显增加趋势（Čiamporová-Zaťovičová et al.，2010）。高海拔地区由于温度低，生存环境相对恶劣，只适合小范围的底栖动物生存，水生态比较脆弱。

2. 底栖动物物种数-卵石表面积关系

参考前人的研究，并考虑到物种数-面积的幂函数模型具有较大的理论基础（Douglas and Lake，1994；Heino and Korsu，2008），本研究的物种数-面积关系采用幂函数模型拟合。与大部分关于物种数-面积关系的研究相比（Gaston and Blackburn，2008；段学花等，2010），本研究也发现相似规律，物种数随着卵石表面积的增加呈幂指数增加，相关系数 R=0.767，这与Douglas and Lake的研究结果类似（Douglas and Lake，1994）。但是本研究结果与Heino and Korsu的研究结果不同（Heino and Korsu，2008），Heino and Korsu（2008）对芬兰南部两条河流的研究显示，底栖动物物种数-卵石面积之间不存在强烈的相关关系。这可能与所研究卵石面积变化范围有关，Heino and Korsu（2008）的研究中，卵石表面积范围为0.207～0.575m^2，面积变化幅度（(最大值-最小值)/最大值）为64%，该范围可能不足以显示较强的物种数-面积关系；而本研究中卵石表面积的范围为0.010～0.127m^2，面积变化幅度为92%，Douglas and Lake（1994）的研究中卵石表面积的范围为0.0045～0.1125m^2，面积变化幅度为96%，本研究和Douglas and

Lake 的研究中卵石面积范围和变化幅度均相似（Douglas and Lake，1994）。

3. 卵石粗糙度的影响

在试验过程中发现，卵石表面的粗糙程度对底栖动物的物种数和个数有一定的影响。表面粗糙卵石上的底栖动物物种数和个数高于表面光滑的卵石上的。从微生境的角度考虑，粗糙的卵石表面一些低洼处受水流冲刷相对较弱，能为底栖动物提供更适宜的空间，更适合底栖动物生存。这与 Erman and Erman（1984）和 Downes 等（2000）的研究结果类似，Erman and Erman 研究发现，糙度高的岩石比糙度低的岩石更易被底栖动物栖息，Downes 等试验发现，表面粗糙的底质比光滑的底质中物种更丰富。

4. 对河流管理的启示

对卵石加沙层和大卵石层的研究发现，大卵石层生存有卵石加沙层没有的生物，对底栖动物多样性的提高起到一定作用，毛翅目主要栖息于大卵石层。毛翅目是底栖动物的重要类群，对河流生态完整性和健康具有重要作用，随机分布的大卵石增加了水流阻力，抗冲刷能力强，为附石类动物，如毛翅目，提供了相对稳定的栖息环境（余国安，2009）。大卵石层对维持河流生态具有重要作用，这可为河流治理提供一定参考。

5.3.4 小结

（1）黄河源单个卵石上底栖动物的物种数随表面积的增加而增加，底栖动物物种数—面积之间为幂函数关系，基本符合通用的种数—面积关系曲线，相关性系数为 0.767。

（2）卵石夹沙层和大卵石层底栖动物的物种数差别不大，但是卵石夹沙层的底栖动物密度却远高于大卵石层，这主要是由于钩虾是优势物种，而钩虾喜欢生活在沙中。

（3）毛翅目喜欢栖息于大卵石上，大卵石层毛翅目的物种数和个体数均高于卵石夹沙层。毛翅目是底栖动物的重要类群，对河流生态具有重要作用，大卵石层对维持河流生态健康具有重要作用。

5.4 纵向水文连通性与底栖动物

雅鲁藏布江（以下简称雅江）发源于喜马拉雅山，是中国海拔最高的河流，这里河谷地貌的发育受到新构造运动期间强烈活动的断裂构造的控制，具有独特的河流地貌特征和河网水系（余国安，2012），其河流生态系统也具有一定的特殊性，研究雅江流域的河流生态及其与河网水系之间的关系具有很重要的意义。

描述河网水系的一种常见方法是对河流进行分级，Horton-Strahler 河流分级理论（Horton，1945；Strahler，1957）是一种经典的河流级别分类方法，根据该方法，不同级别河流的流域面积、河道大小、流量等参数存在差异，另外，不同级别河流的水质理化参数也有差异，因此其底栖动物群落也会有所差别（Harrel and Dorris，1968）。国外学者已经在有关流域开展过河流级别同底栖动物群落之间关系的研究（Harrel and Dorris，1968），Ward（1998）根据研究提出了河流生态的纵向格局模式，认为从 1 级到 12 级河流的底栖动物多样性存在先增加后减小的趋势，在中间级别的河流（4 级或 5 级）处达到最高。目前对雅江流域底栖动物组成已有一些研究（赵伟华和刘学勤，2010），但是该流域不同级别河流底栖动物群落之间的差异尚不明确，国内关于该方面的研究也很薄弱。

本研究于 2009 年 5 月至 2012 年 10 月对雅江流域 5 级、7 级及 8 级河流等共计 15 个代表样点进行了调查和采样，以底栖动物为指示生物对这三种级别的河流的水生态进行了研究，研究目标有 2 个：①阐释雅江流域整体水生态状况及底栖动物群落特征；②揭示雅江流域 5 级、7 级及 8 级河流生物多样性的差异，以期为雅江流域的生态环境保护及管理提供参考。

5.4.1 研究区域及方法

1. 研究区域

雅江地处青藏高原，这里河流下切明显，崩塌滑坡极易发生，平均海拔在 3000m 以上，在中国的河段全长 2057km，流域面积为 24.0 万 km^2，流出中国的径流量仅次于长江和珠江，居全国第三，水能资源丰富，仅此于长江，居全国第二。研究区域及采样点如图 5.25 所示。

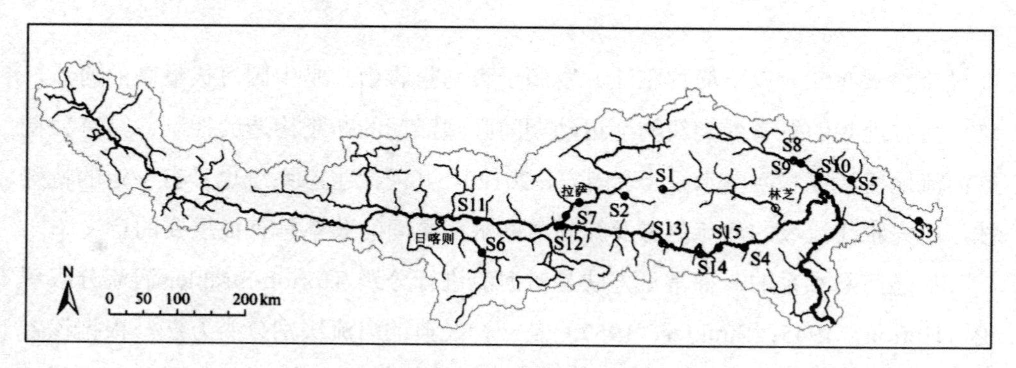

图 5.25 研究区域及采样点

2. 研究方法

本次调查中，水深采用测深锤测量，水的流速用毕托管流速仪测定，溶解氧采用 HACH HQd-40 便携式手持溶氧仪现场测定，雅江中下游采样点的环境参数如表 5.10 所列。

表 5.10 研究河流的环境参数

环境参数	5 级河流	7 级河流	8 级河流
水深/m	0.22±0.03	0.49±0.06	0.49±0.06
流速/（m/s）	0.46±0.13	0.74±0.12	0.78±0.29
溶解氧/（mg/L）	7.49±0.35	7.86±0.66	8.12±0.54

河流分级采用 Horton-Strahler 河流分级方法（Horton，1945；Strahler，1957）：河系中 1 级河流为最小的河流，两条 1 级相会合形成 2 级河流，依此类推，但是一条高级别的河流与另外一条低级别的河流相汇并不会提高这条河流的级别。

底栖动物用孔径为 420μm 的踢网（面积 $1m^2$）采集样本。泥样经孔径为 420μm 的钢筛筛洗后，置于白色解剖盘中分捡动物标本，分拣出的底栖动物样本用 75% 的酒精固定，带回实验室进行镜检分类、计数。湿重的测定方法是：先用滤纸吸干水分，然后在电子天平上称量。底栖动物功能摄食类群划分标准参照有关资料（段学花 等，2010）。如果某种动物可能归属到几个类群，则均分至相关类群。

采用物种丰度 S、香农维纳指数 H'，改进的香农维纳指数 B、Margalef 丰富度指数 d_M 和 K-优势曲线来评价生物多样性。

5.4.2 结果

1. 种类组成

表 5.11 给出了雅江流域 5 级、7 级和 8 级河流的底栖动物种类名录，共计 89 种，隶属于 45 科 86 属。其中，5 级、7 级和 8 级河流共有的物种只有 6 种，雅江流域三种级别河流之间的物种组成存在比较大的差异。

表 5.11 三种级别河流的底栖动物名录

门	科	5 级河流	7 级河流	8 级河流
扁形动物门	涡虫纲一科	u	0	0
线虫动物门	线虫纲一科	0	0	u
环节动物门	舌蛭科	1	1	1
	鱼蛭科	0	0	1
	蛭蚓科	0	0	u
	颤蚓科	2	0	2
	带丝蚓科	1	0	0
	线蚓科	u	0	0
	仙女虫科	0	0	4
软体动物门	椎实螺科	1	0	1
	扁卷螺科	1	0	1
	球蚬科	u	0	0
节肢动物门	钩虾科	0	0	u
	螨形目一科	u	u	u
	长跳目一科	u	0	0
	四节蜉科	2	2	0
	扁蜉科	2	2	0
	小蜉科	1	1	0
	细裳蜉科	0	2	0

续表

门	科	5 级河流	7 级河流	8 级河流
节肢动物门	蜻科	u	0	0
	蟌科	u	0	0
	蜓科	0	u	0
	石蝇科	1	2	1
	绿襀科	u	0	0
	短尾石蝇科	1	1	0
	大襀科	u	0	0
	网襀科	1	2	0
	划蝽科	u	0	0
	纹石蛾科	0	u	u
	原石蛾科	2	1	0
	沼石蛾科	u	0	0
	长角石蛾科	u	0	0
	管石蛾科	0	u	u
	短石蛾科	u	0	0
	舌石蛾科	u	0	0
	叶甲科	u	0	0
	大蚊科	3	4	0
	蚋科	u	0	0
	蠓科	u	0	0
	长足虻科	u	0	0
	舞虻科	u	u	0
	水虻科	u	0	0
	网蚊科	u	0	0
	蝇科	u	0	0
	摇蚊科	17	10	8

注：u 表示没有鉴定到属或者种，下划线的数据是属数。

2. 密度和生物量

图 5.26 给出了雅江流域 5 级、7 级和 8 级河流的底栖动物各种类类群的密度和生物量。底栖动物的总密度和总生物量上，不同河流级别之间没有明显规律。节肢动物在 5 级、7 级和 8 级河流中占绝对优势，密度上，在 5 级、7 级和 8 级河

流分别占总密度的91.6%、99.9%和93.3%；生物量上，在5级、7级和8级河流分别占总生物量的89.9%和99.9%和70.2%。

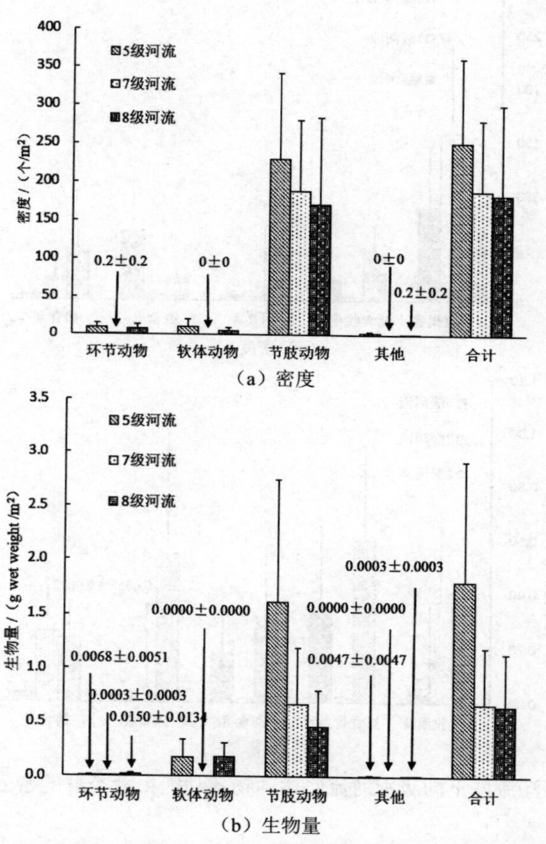

图5.26 雅江流域三种级别河流底栖动物各种类类群的密度和生物量

图5.27给出了雅江流域5级、7级和8级河流的底栖动物各功能摄食类群的密度和生物量。收集者是5级、7级和8级河流的优势群体。在密度上，收集者在5级、7级和8级河流依次占总密度的43.8%，84.8%和59.0%；在生物量上，收集者在5级、7级和8级河流依次占总生物量的39.4%，58.5%和60.7%。

3. 生物多样性

雅江流域5级、7级和8级河流的物种丰度 S 依次为59、34、25。根据公式算得雅江流域5级、7级和8级河流的香农维纳指数 H'、改进的香农维纳指数 B

和 Margalef 丰富度指数 d_M，结果如图 5.28 所示。

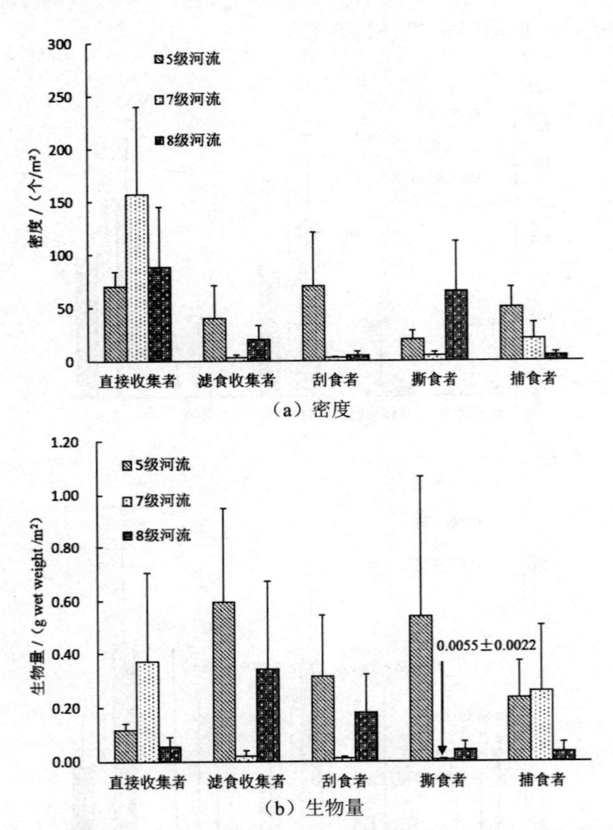

（a）密度

（b）生物量

图 5.27　雅江流域不同级别河流底栖动物各功能摄食类群的密度和生物量

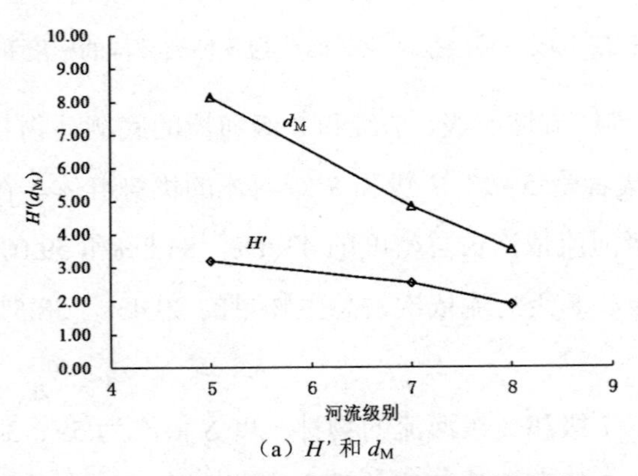

（a）H' 和 d_M

图 5.28　三种级别河流的物种多样性指数图

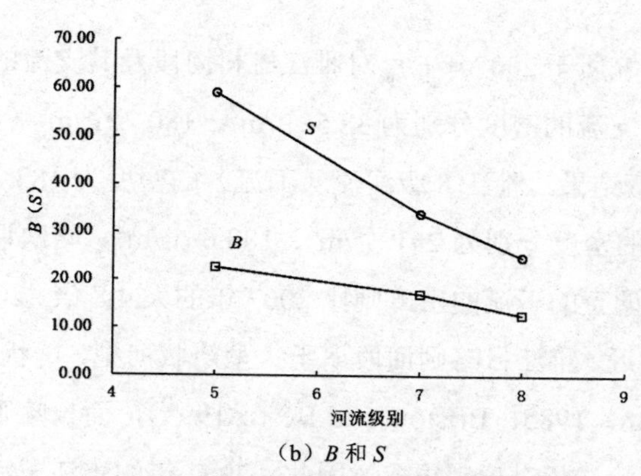

（b）*B* 和 *S*

图 5.28 三种级别河流的物种多样性指数图（续图）

K-优势曲线综合了物种多样性的两个方面，即物种丰富度和均匀性。图 5.29 给出了 5 级、7 级和 8 级河流的 K-优势曲线图，三条曲线的高低依次为 5 级、7 级、8 级。综合图 5.28 和图 5.29 可得，底栖动物生物多样性由高到低依次为 5 级河流>7 级河流>8 级河流。

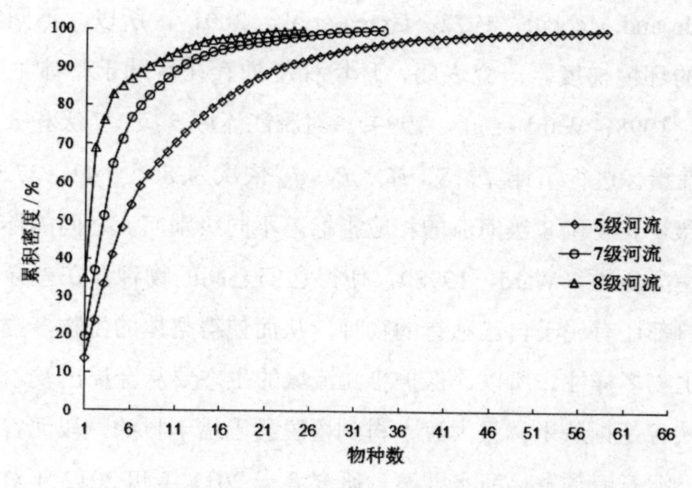

图 5.29 三种级别河流的 K-优势曲线

5.4.3 讨论

与历史资料对比，雅江流域底栖动物的群落特征略有别于单个河段的。中国科学院水生生物研究所于2007年6月对雅江雄村河段及其支流的底栖动物进行了调查，雅江干流、支流的密度分别为38.5个/m^2、180.2个/m^2（赵伟华和刘学勤，2010），而本次调查结果，雅江8级河流（干流）的密度为183.2个/m^2，其5级、7级河流（支流）的密度分别为251个/m^2、188.6个/m^2。两次调查支流的密度相差不大，但是本次调查的干流的密度则比2007年的大4.8倍。2007年的调查区域位于西藏日喀则附近，雅江日喀则河段属于大型辫状河型，辫状河流具有游荡性，极不稳定（Schumm，1985；Bristow and Best，1993），而日喀则下游逐渐由辫状河流转为弯曲型河流，相对稳定很多，因此，2007年的雅江干流密度远低于本次的密度。

河流是一个连续的系统，不同的单元构成了河流系统这个整体，不同单元之间的环境参数存在着差别（Vannote et al.，1980；Logan and Brooker，1983；Gerth and Herlihy，2006）。不同级别河流之间环境参数也不相同，如流量、电导率、碱度、水温、营养物等会随着河流级别的增加而呈现一定的递增或者递减的规律（Whiteside and McNatt，1972；Graça et al.，2001），所以，不同级别河流之间存在一定的环境梯度。研究表明，环境梯度的存在有助于整体生物多样性的提高（Ward，1998；Ward et al.，1999）。对雅江流域5级、7级和8级河流整体的生物多样性指标进行了计算，S、H'、B、d_M依次为89、3.42、27.50、10.95，始终高于5级、7级和8级河流的相应指标。不同级别河流之间的环境差异产生了很高的时空异质性（Ward，1998），使得它们之间的物种存在差异，除了交叉物种外，各自都还有属于自己独有的物种，从而使得整体的生物多样性高于单个级别河流的生物多样性。所以，保护雅江流域的生态要从全局出发。

雅江大峡谷是指从米林县大渡卡村到墨脱县巴措卡村的一段河谷，这里河谷深切，滑坡、泥石流频发，河水翻滚。研究者于2011年和2012年对大峡谷段雅江主流的底栖动物做了调查，调查结果表明，这里几乎无任何底栖动物生存，河流生态极差。雅江大峡谷成不对称的“V”形，最大流速高达16m/s（杨逸畴 等，1995）。以往研究表明，底栖动物的分布受水力条件，如流速（Lancaster and Hildrew，1993；Quinn and Hickey，1994）、坡降（Wetmore et al.，1990；Growns and Davis，1994）等影响很大，水力条件达到一定程度则不适宜底栖动物生存。雅江大峡谷水流急、坡降陡，几乎无水生植被，缺少底栖动物生存的条件，因此，这里的水生态极差。通过合理的消能设施降低流速、减小水面坡降，营造底栖动物适宜的生存环境是改善这里生态的可行办法。

与很多平原河流相比，雅江流域受人类影响较小，几乎处于自然状态。然而近年来，在雅江流域，森林植被稀少、草地退化、土地沙漠化等造成了严重的水土流失和气候环境恶化。从环境可持续发展的角度来看，保护雅江流域的生态极为重要。从河流综合管理的角度考虑，可以从实施天然林保护措施，开展人工造林，减缓水土流失，采取消能措施、维持河流的生态健康等方面对雅江中下游生态环境进行保护。

5.4.4 小结

调查期间雅江流域 5 级、7 级、8 级河流共鉴定底栖动物 89 种，隶属于 45 科 86 属。在种类组成上，节肢动物在雅江流域 5 级、7 级和 8 级河流中占绝对优势；雅江中下游 5 级、7 级、8 级河流的物种组成差别比较大。在功能摄食类群组成上，收集者是雅江中下游 5 级、7 级和 8 级河流的优势类群。雅江中下游 5 级、7 级、8 级河流的生物多样性依次降低。雅江中下游整体的生物多样性高于单个级别（5 级、7 级或 8 级）河流的生物多样性，保护雅江流域的生态要从全局出发。

参考文献

[1] Amoros C, Roux A. Interaction between water bodies within the floodplains of large rivers: function and development of connectivity. Münstersche Geographische Arbeiten, 1988, 29(1):125-130.

[2] Bay R R. Runoff from small peatland watersheds. Journal of Hydrology, 1969, 9(1):90-102.

[3] Beisel J N, Usseglio-Polatera P, Thomas S, et al. Stream community structure in relation to spatial variation: the influence of mesohabitat characteristics. Hydrobiologia, 1998, 389(1/3): 73-88.

[4] Beisel J N, Usseglio-Polatera P, Moreteau J C. The spatial heterogeneity of a river bottom: a key factor determining macroinvertebrate communities. Springer Netherlands, 2000.

[5] Bristow C S, Best J L. Braided rivers: perspectives and problems. Geological Society of London Special Publications, 1993, 75(1):1-11.

[6] Burgherr P, Ward J. Longitudinal and seasonal distribution patterns of the benthic fauna of an alpine glacial stream (Val Roseg, Swiss Alps). Freshwater Biology, 2001, 46(12):1705-1721.

[7] Cannan C, Armitage P. The influence of catchment geology on the longitudinal distribution of macroinvertebrate assemblages in a groundwater dominated river. Hydrological Processes, 1999, 13(3):355-369.

[8] Castella E, Richardot-Coulet M, Roux C, et al. Macroinvertebrates as 'describers' of morphological and hydrological types of aquatic ecosystems abandoned by the Rhône River. Hydrobiologia, 1984, 119(3):219-225.

[9] Céréghino R, Cugny P, Lavandier P. Influence of intermittent hydropeaking on the longitudinal zonation patterns of benthic invertebrates in a mountain stream. International Review of Hydrobiology, 2002, 87(1):47-60.

[10] Čiamporová-Zaťovičová Z, Hamerlík L, Šporka F, et al. Littoral benthic macroinvertebrates of alpine lakes (Tatra Mts) along an altitudinal gradient: a basis for climate change assessment. Hydrobiologia, 2010, 648(1):19-34.

[11] Copp G H. The habitat diversity and fish reproductive function of floodplain ecosystems. Environmental Biology of Fishes, 1989, 26(1): 1-27.

[12] Costin A. Management opportunities in Australian high mountain catchments. Proceedings of International Symposium on Forest Hydrology, 1966.

[13] Cushing C. The conception and testing of the river continuum concept. Bulletin Nabs, 1994, 11:225-229.

[14] Douglas M, Lake P. Species richness of stream stones: an investigation of the mechanisms generating the species-area relationship. Oikos, 1994, 69:387-396.

[15] Downes B J, Lake P, Schreiber E, et al. Habitat structure, resources and diversity: the separate effects of surface roughness and macroalgae on stream invertebrates. Oecologia, 2000, 123(4):569-581.

[16] Dudgeon D. Longitudinal and temporal changes in functional organization of macroinvertebrate communities in the Lam Tsuen River, Hong Kong. Hydrobiologia, 1984, 111(3):207-217.

[17] Erman D C, Chouteau W C. Fine particulate organic carbon output from fens and its effect on benthic macroinvertebrates. Oikos, 1979, 32:409-415.

[18] Erman D C, Erman N A. Macroinvertebrate composition and production in some Sierra Nevada minerotrophic peatlands. Ecology, 1975, 56:591-603.

[19] Erman D C, Erman N A. The response of stream macroinvertebrates to substrate size and heterogeneity. Hydrobiologia, 1984, 108(1):75-82.

[20] Gallardo B, García M, Cabezas Á, et al. Macroinvertebrate patterns along environmental gradients and hydrological connectivity within a regulated river-floodplain. Aquatic Sciences, 2008, 70(3):248-258.

[21] Gaston K, Blackburn T. Pattern and process in macroecology. John Wiley & Sons: Oxford, 2008.

[22] Gerth W J, Herlihy A T. Effect of sampling different habitat types in regional macroinvertebrate bioassessment surveys. Journal of the North American Benthological Society, 2006, 25(2):501-512.

[23] Graça M, Ferreira R, Coimbra C. Litter processing along a stream gradient: the role of invertebrates and decomposers. Journal of the North American Benthological Society, 2001, 20(3):408-420.

[24] Growns I O, Davis J A. Longitudinal changes in near-bed flows and macroinvertebrate communities in a Western Australian stream. Journal of the North American Benthological Society, 1994, 417-438.

[25] Grubaugh J, Wallace J, Houston E. Longitudinal changes of macroinvertebrate communities along an Appalachian stream continuum. Canadian Journal of Fisheries and Aquatic Sciences, 1996, 53(4):896-909.

[26] Harrel R C, Dorris T C. Stream order, morphometry, physico-chemical conditions, and community structure of benthic macroinvertebrates in an intermittent stream system. American Midland Naturalist, 1968:220-251.

[27] Hawkins C P, Sedell J R. Longitudinal and seasonal changes in functional organization of macroinvertebrate communities in four Oregon streams. Ecology, 1981:387-397.

[28] Heino J, Korsu K. Testing species-stone area and species-bryophyte cover relationships in riverine macroinvertebrates at small scales. Freshwater Biology, 2008, 53(3):558-568.

[29] Horton R E. Erosional development of streams and their drainage basins; hydrophysical approach to quantitative morphology. Geological Society of America Bulletin, 1945, 56(3):275-370.

[30] Junk W J, Bayley P B, Sparks R E. The flood pulse concept in river-floodplain systems. International large river symposium, 1986.

[31] Junk W J, Bayley P B, Sparks R E. The flood pulse concept in river-floodplain systems. Canadian special publication of fisheries and aquatic sciences, 1989, 106(1):110-127.

[32] Kefford B J. The relationship between electrical conductivity and selected macroinvertebrate communities in four river systems of south-west Victoria, Australia. International Journal of Salt Lake Research, 1998, 7(2):153-170.

[33] Laine A, Heikkinen K. Peat mining increasing fine-grained organic matter on the riffle beds of boreal streams. Archiv für Hydrobiologie, 2000, 148(1):9-24.

[34] Lamentowicz M, Mitchell E A. The ecology of testate amoebae (Protists) in Sphagnum in north-western Poland in relation to peatland ecology. Microbial ecology, 2005, 50(1):48-63.

[35] Lancaster J, Hildrew A G. Flow refugia and the microdistribution of lotic macroinvertebrates. Journal of the North American Benthological Society, 1993:385-393.

[36] Lessard J L, Hayes D B. Effects of elevated water temperature on fish and macroinvertebrate communities below small dams. River Research and Applications, 2003, 19(7):721-732.

[37] Logan P, Brooker M. The macroinvertebrate faunas of riffles and pools. Water Research, 1983, 17(3):263-270.

[38] Mitsch W, Gosselink J. Wetlands. 3rd ed. New York: John Wiley and Sons, 2000.

[39] Obolewski K. Macrozoobenthos patterns along environmental gradients and hydrological connectivity of oxbow lakes. Ecological Engineering, 2011, 37(5):796-805.

[40] Pan B Z, Wang Z Y, Li Z W, et al. An exploratory analysis of benthic macroinvertebrates as indicators of the ecological status of the Upper Yellow and Yangtze Rivers. Journal of Geographical Sciences, 2013, 23(5):871-882.

[41] Pringle C. What is hydrologic connectivity and why is it ecologically importan. Hydrological Processes, 2003, 17(13):2685-2689.

[42] Quinn J M, Hickey C W. Hydraulic parameters and benthic invertebrate distributions in two gravel-bed New Zealand rivers. Freshwater Biology, 1994, 32(3):489-500.

[43] Reckendorfer W, Baranyi C, Funk A, et al. Floodplain restoration by reinforcing hydrological connectivity: expected effects on aquatic mollusc communities. Journal of Applied Ecology, 2006, 43(3):474-484.

[44] Rydin H, Jeglum J, Jeglum J. The biology of peatlands. Oxford: Oxford University Press, 2006.

[45] Salo J, Kalliola R, Häkkinen I, et al. River dynamics and the diversity of Amazon lowland forest. Nature, 1986, 322(6076):254-258.

[46] Schumm S A. Patterns of alluvial rivers. Annual Review of Earth and Planetary Sciences, 1985,13:5-27.

[47] Steinberg C E W, Kamara S, Prokhotskaya V Y, et al. Dissolved humic substances–ecological driving forces from the individual to the ecosystem level. Freshwater Biology, 2006, 51(7):1189-1210.

[48] Strahler A N. Quantitative analysis of watershed geomorphology. Transactions of the American

geophysical Union, 1957, 38(6):913-920.

[49] Tang T, Qu X D, Li D F, et al. Benthic algae of the Xiangxi River, China. Journal of Freshwater Ecology, 2004, 19(4):597-604.

[50] Tiemann J S, Gillette D P, Wildhaber M L, et al. Effects of lowhead dams on riffle-dwelling fishes and macroinvertebrates in a midwestern river. Transactions of the American Fisheries Society, 2004, 133(3):705-717.

[51] Tockner K, Pennetzdorfer D, Reiner N, et al. Hydrological connectivity, and the exchange of organic matter and nutrients in a dynamic river-floodplain system (Danube, Austria). Freshwater Biology, 1999, 41(3):521-535.

[52] Van den Brink F W B, Beljaards M J, Boots N C A, van der Velde G. Macrozoobenthos abundance and community composition in three lower Rhine floodplain lakes with varying inundation regimes. Regulated Rivers: Research and Management, 1994, 9:279-293.

[53] Vannote R L, Minshall G W, Cummins K W, et al. The river continuum concept. Canadian journal of fisheries and aquatic sciences, 1980, 37(1):130-137.

[54] Ward J V, Stanford J. Ecological connectivity in alluvial river ecosystems and its disruption by flow regulation. Regulated Rivers: Research & Management, 1995, 11(1):105-119.

[55] Ward J V. Riverine landscapes: biodiversity patterns, disturbance regimes, and aquatic conservation. Biological Conservation, 1998, 83(3):269-278.

[56] Ward J V. The four-dimensional nature of lotic ecosystems. Journal of the North American Benthological Society, 1989: 2-8.

[57] Ward J V, Stanford J. Benthic faunal patterns along the longitudinal gradient of a Rocky Mountain river system. Verh. Internat. Verein. Limnol, 1991, 24: 3087-3094.

[58] Ward J V, Tockner K, Schiemer F. Biodiversity of floodplain river ecosystems: ecotones and connectivity1. Regulated Rivers: Research and Management, 1999, 15(1-3):125-139.

[59] Wetmore S H, Mackay R J, Newbury R W. Characterization of the hydraulic habitat of Brachycentrus occidentalis, a filter-feeding caddisfly. Journal of the North American Benthological Society, 1990:157-169.

[60] Whiteside B, McNatt R M. Fish species diversity in relation to stream order and physicochemical conditions in the Plum Creek drainage basin. American Midland Naturalist, 1972, 88(1):90-101.

[61] Wieder R K, Vitt D H. Boreal peatland ecosystems. Springer Science & Business Media, 2006.

[62] Wieczorek M V, Bakanov N, Bilancia D, et al. Structural and functional effects of a short-term pyrethroid pulse exposure on invertebrates in outdoor stream mesocosms. Science of the Total Environment, 2018, 610:810-819.

[63] Zhao N, Wang Z Y, Pan B Z, et al. Macroinvertebrate assemblages in mountain streams with

different streambed stability. River Research and Applications, 2015, 31(7):825-833.
[64] 段学花，王兆印，徐梦珍．底栖动物与河流生态评价．北京：清华大学出版社，2010.
[65] 国家环境保护总局．水和废水监测分析方法．北京：中国环境科学出版社，2002.
[66] 胡本进，杨莲芳，王备新，等．阊江河 1～6 级支流大型底栖无脊椎动物取食功能团演变特征．应用与环境生物学报，2005，11（4）：463-466.
[67] 李志威，王兆印，潘保柱．牛轭湖形成机理与长期演变规律．泥沙研究，2012（5）：16-25.
[68] 李志威，王兆印，张晨笛，等．若尔盖沼泽湿地的萎缩机制．水科学进展，2014，25（2）：172-180.
[69] 李志威．三江源河床演变与湿地退化机制研究．北京：清华大学水利系，2013.
[70] 连树清．尕海湿地泥炭土理化特性研究．兰州：甘肃农业大学林学院，2008.
[71] 潘保柱，王海军，梁小民，等．长江故道底栖动物群落特征及资源衰退原因分析．湖泊科学，2008，20（6）：806-813.
[72] 邵学军，王兴奎．河流动力学概论．北京：清华大学出版社，2005.
[73] 孙东亚，赵进勇，董哲仁．流域尺度的河流生态修复．水利水电技术，2005，36（5）：11-14.
[74] 唐涛，黎道丰，潘文斌，等．香溪河河流连续统特征研究．应用生态学报，2004，15（1）：141-144.
[75] 王根绪，沈永平，程国栋．黄河源区生态环境变化与成因分析．冰川冻土，2000，22（3）：200-205.
[76] 王强，袁兴中，刘红．西南山地源头溪流附石性水生昆虫群落特征及多样性——以重庆鱼肚河为例．水生生物学报，2011，35（5）：887-892.
[77] 杨建平，丁永建，陈仁升．长江黄河源区生态环境脆弱性评价初探．中国沙漠，2007，27（6）：1012-1017.
[78] 杨逸畴，高登义，李渤生．世界最大峡谷的地理发现和研究进展——雅鲁藏布江大峡谷的考察和探险成果．地球科学进展，1995，3：299-303.
[79] 余国安．河床结构对推移质运动及下切河流影响的试验研究．北京：清华大学，2009.
[80] 于帅，贾娜尔·阿汗，张振兴，等．新疆伊犁河不同生境大型底栖动物群落及其影响因素．水生生物学报，2017，41（5）：1062-1070.
[81] 张晓云，吕宪国，顾海军．若尔盖湿地面临的威胁、保护现状及对策分析．湿地科学，2005，3（4）：292-297.
[82] 张镱锂，刘林山，摆万奇，等．黄河源地区草地退化空间特征．地理学报，2006，61（1）：3-14.
[83] 赵和梅，袁倩．河南县气候变化对草地生态环境的影响及其防治措施研究.青海气象，2007，（1）：34-36.

[84] 赵伟，许秋瑾，席北斗，等．论有机质在湖泊水环境中的作用．农业环境与发展，2011，28（3）：1-5.

[85] 赵伟华，刘学勤．西藏雅鲁藏布江雄村河段及其支流底栖动物初步研究．长江流域资源与环境，2010，19（3）：281-286.

[86] 赵资乐．黄河上游黑河、白河流域水沙规律．甘肃水利水电技术，2005，41（4）：336-338，350.

第 6 章 河床演变在河流生态治理中的实践

河流分布广，水量大，循环周期短，是人类依赖的最主要的淡水水源。河流也是人类文明的发源地，世界上很多城市均依水而建，河流在航运、灌溉、水产养殖和旅游等各个方面，均对人类有着重大作用。随着社会经济的发展，河流的社会功能被最大限度地开发利用，然而河流的生态功能却常常被忽视，随之带来了一系列生态问题。

随着社会的发展，人们逐渐意识到河流生态退化的问题。19 世纪中期，河流的生态修复率先兴起于欧洲，随后日本、美国、韩国等相继开展了这一领域的研究实践，出现了很多值得借鉴的成功案例。其中，河床演变与河流生态的关系在这些案例中均得到很好的实践，包括河流连续性的恢复，如纵向的连通、河道与河漫滩区的横向连通；河流蜿蜒性的恢复，如恢复河流弯道；河流垂向连通性的恢复，如拆除硬质渠道、恢复自然河床等。

6.1 德国伊萨河

伊萨河起源于卡尔文德尔山脉，流经奥地利蒂罗尔州和德国巴伐利亚州境内，全长 295km，最终向北注入多瑙河。伊萨河是一条典型的阿尔卑斯山脉河流，有着大面积的卵石岛屿、石滩以及不断变道的河床。19 世纪中叶，因常年洪水灾害，慕尼黑河段被截弯取直，通过运用堤坝、洪泛平原、防洪墙、拦河坝系统以及运河，使水力资源得以开发。到了 20 世纪，慕尼黑市内的河段像是一条被硬质化的水渠，完全失去了其原有的面貌。

1995 年，巴伐利亚州水务局起草了“伊萨河计划”，项目团队对沿河防洪状况、滨水游憩空间需求以及区域动植物资源和栖息地的情况进行调查后，将项目区段确定为从慕尼黑市区南端至博物馆岛长8km的流域。该项目主要包括以下治理措施：

（1）河床去硬质化。项目全程8km河段中超过6km的河段被完全渠化。为还原这部分伊萨河为自然化河流，项目凿开水泥加固的梯形河道并除去硬质防护，对河床做了适当的去硬质化处理。

（2）缓坡替代滚水堰。项目建造了跨河的缓坡来替代原本固化的滚水堰。在提供防洪功能的同时也能防止河床被深度侵蚀。其间形成的小型洼地成为许多鱼类的栖息场所和繁殖室，并起到鱼道的作用，使鱼类洄游成为可能。

（3）引入水体沉积物。水体中的沉积物大多被上游的大型水坝阻挡而难以传输至慕尼黑，导致项目河段水体缺少自然沉积，河流结构难有新的发展。项目在伊萨河堆起人造砂石，有目的性地引入水体沉积物，到下次洪水到来的时候它们会继续传输，为下游河床的发展提供原料。

除上述措施外，项目还采用了引入阻流因素、河岸线塑造、水体改良与水量控制等方式。经过治理改造，伊萨河（图6.1）生态功能得到极大恢复，已成为人们休闲娱乐的好去处。

图6.1　伊萨河

6.2 美国基西米河

基西米河位于美国佛罗里达州中南部，经由基西米湖向南流入奥基乔比湖，以基西米湖出口为界分为上游和下游。为了达到尽快渲泄洪水的目的，在1962～1971年对基西米河进行了渠化，将蜿蜒的自然河道改造成了一条长90km、深9m、宽100m的几段近似直线的人工河道组成的运河，河长缩短了38%，然而渠化后的河道及其两岸的生态环境遭到严重破坏，引起了社会的普遍关注。

从20世纪70年代后期开始，美国相关部门组织开展了一系列基西米河生态修复试验，并于1990年开展了大规模的生态修复工程（吴保生 等，2005）。

（1）试验工程。1984～1989年开展的试验工程为一条长19.5km渠道化运河。重点工程是在人工运河中建设一座钢板桩堰，将运河拦腰截断，迫使水流重新流入原自然河道，同时还评估了恢复工程对于生物资源的影响。

（2）第一期工程。从1998年开始第一期主体工程，连续回填运河共38km。重建类似于历史的水文条件，扩大蓄滞洪区，减轻洪水灾害。在运河回填后，开挖了新的河道以重新连接原有自然河道。这些新开挖的河道完全复制原有河道的形态，包括长度、断面面积、断面形状、纵坡降、河湾数目、河湾半径、自然坡度控制以及河岸形状。建设中又加强了干流与洪泛区的连通性，为鱼类和野生动物提供了丰富的栖息地。这些措施已引起河道洪泛区栖息地物理、化学和生物的重大变化，改善了鱼类生存条件。工程还重建了宽叶林沼泽栖息地，使涉水禽类和水鸟可以充分利用洪泛区湿地。

（3）第二期工程。在21世纪前10年进行了更大规模的生态工程，重新开挖14.4km的河道，恢复300多种野生生物的栖息地。恢复洪泛区和沼泽地，为奥基乔比湖和下游河口及沼泽地生态系统提供优良水质。

近年来的监测结果表明，原有自然河道中过度繁殖的植物得到了控制，新沙洲有所发展，创造了多样的栖息地。许多已经匿迹的鸟类又重新返回基西米河。科学家已证实该地区鸟类数量增长了3倍，水质得到了明显改善。基西米河（图6.2）河流生态修复工程是美国大型的河流生态恢复工程，也是世界河流治理的典范。

图 6.2　美国基西米河

6.3　韩国清溪川

韩国清溪川（图 6.3）全长 11km，自西向东流经首尔市，流域面积 $51km^2$。由于大量的生活污水和工业废水排入河道、河床硬化、砌石护坡、裁弯取直，以及水泥板封盖、高架桥建设等原因，水质长期黑臭。

图 6.3　韩国清溪川

2003 年，韩国启动清溪川治理工程，在清溪川上游最大限度恢复河流原貌；中游强调滨水空间的休闲性和文化特质；下游则积极保留自然河滩沙洲，取消设置边坡护岸。在水体修复方面，一是疏浚清淤，通过拆除河道上的高架桥、清除水泥封盖、河床淤泥，还原了河道自然面貌；二是全面截污，两岸铺设截污管道，将污水送入处理厂统一处理，并截流初期雨水；三是保持水量，从汉江日均取水 9.8 万吨注入河道，加上净化处理的 2.2 万吨城市地下水，总注水量达 12 万吨，让河流保持 40cm 水深。经过多年治理，现在清溪川已经还清，并成为黑臭河流治理的典型案例。

6.4 日本自然型

日本为应对随着经济高速成长期的城市化进展，最初将河流治理的重点放在治水方面并优先了防灾效果，故采用了河流的直线化或全断面衬砌护岸等工法。这些措施虽然大幅度提高了治水安全性，但也导致了河流生态环境的恶化。20 世纪 80 年代，日本开始学习欧洲的河流治理经验，河流治理逐渐出现了注重生态环境的动向，提出了“多自然型河川工法”，颁布了《推进多自然型河流建设法规》，鼓励使用木桩、竹笼、卵石等天然材料修建河堤，并注重将直线化河流恢复成自然弯曲状态。如为了控制洪水，在 20 世纪 50—70 年代，日本对 Shibetsu 河进行了裁弯取直治理，随后河流生态出现显著退化。为了恢复河流生态健康，2002 年开始对该条河流进行了小尺度恢复弯道试验。恢复弯道后，河流底栖动物的密度和多样性有显著提高，其中，在河流横断面浅水区的底栖动物多样性和密度最大（Nakano and Nakamura，2010）。

参考文献

[1] Nakano D, Nakamura F. The significance of meandering channel morphology on the diversity and abundance of macroinvertebrates in a lowland river in Japan. Aquatic Conservation Marine and Freshwater Ecosystems, 2010, 18(5):780-798.

[2] 吴保生，陈红刚，马吉明．美国基西米河生态修复工程的经验．水利学报，2005，36（4）：473-477.